U0337043

[英] 海伦 · 肯纳利（Helen Kennerley）著　万亚莉 译

打破焦虑循环

| 原 书 第 2 版 |

Overcoming Anxiety(2nd Edition)

A Self-help Guide to Using Cognitive Behavioral Techniques

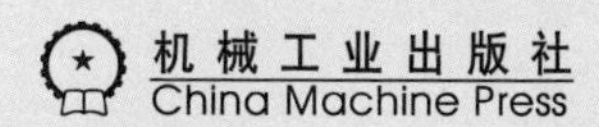
机械工业出版社
China Machine Press

图书在版编目（CIP）数据

打破焦虑循环：原书第2版 /（英）海伦·肯纳利（Helen Kennerley）著；万亚莉译. -- 北京：机械工业出版社，2022.8

书名原文：Overcoming Anxiety (2nd Edition): A Self-help Guide to Using Cognitive Behavioral Techniques

ISBN 978-7-111-71155-1

Ⅰ. ①打…　Ⅱ. ①海…　②万…　Ⅲ. ①焦虑－心理调节－通俗读物　Ⅳ. ①B842.6-49

中国版本图书馆CIP数据核字（2022）第115079号

北京市版权局著作权合同登记　图字：01-2022-0825号。

Helen Kennerley. Overcoming Anxiety (2nd Edition): A Self-help Guide to Using Cognitive Behavioral Techniques.

Copyright © Helen Kennerley, 1997, 2014.

Simplified Chinese Translation Copyright © 2022 by China Machine Press.

This edition arranged with CONSTABLE & ROBINSON LTD. through BIG APPLE AGENCY. This edition is authorized for sale in the Chinese mainland (excluding Hong Kong SAR, Macao SAR and Taiwan). No part of this book may be reproduced or transmitted in any form or by any means, electronic or mechanical, including photocopying, recording or any information storage and retrieval system, without permission, in writing, from the publisher.

All rights reserved.

本书中文简体字版由CONSTABLE & ROBINSON LTD. 通过BIG APPLE AGENCY授权机械工业出版社在中国大陆地区（不包括香港、澳门特别行政区及台湾地区）独家出版发行。未经出版者书面许可，不得以任何方式抄袭、复制或节录本书中的任何部分。

打破焦虑循环（原书第2版）

出版发行：机械工业出版社（北京市西城区百万庄大街22号　邮政编码：100037）

责任编辑：李双燕　　责任校对：付方敏

印　　刷：三河市宏达印刷有限公司　　版　　次：2023年1月第1版第1次印刷

开　　本：170mm×230mm　1/16　　印　　张：17.75

书　　号：ISBN 978-7-111-71155-1　　定　　价：79.00元

客服电话：（010）88361066　68326294

版权所有·侵权必究
封底无防伪标均为盗版

谨以此书纪念莉兹·坎贝尔（1954—2010）

再版序

在本书首次出版的15年里，焦虑管理领域的一些核心观点依然没有改变。尤其是，我们需要担忧、恐惧和焦虑才能生存，我们需要控制而不是摆脱那些对我们无益的焦虑，这两点如今依旧是事实。正如你将看到的，这仍然是贯穿这本新书的主题。

第2版也记录了过去15年里一些关键性的发展。我们对大脑和压力，对忧虑引起的问题，对同情心在心理问题康复中的重要性，对训练在应对问题方面所起的作用，都有了更多了解。我试图在第2版中纳入这些发展，所以你会注意到一些熟悉的旧信息，也会看到一些新信息。

自1997年本书的第1版出版以来，还发生了一些事情，那就是关于特定焦虑障碍的研究越来越多，而“克服”[㊀]系列丛书正反映了这一点：康斯特堡 & 罗宾森出版社（Constable & Robinson）现在出版了很多围绕恐慌、担忧、社交焦虑、强迫症、健康焦虑和创伤后压力等问题的自助类图书。我真的很高兴能够告诉大家，在克服不同形式的焦虑方面，你们有了更多的指导，但我依然希望你们会发现这本书的与众不同。

㊀ 本书英文版所属系列丛书。——编辑注

序 言

为什么采用认知行为疗法

本书所采用的帮助你克服焦虑问题的方法是认知行为疗法。简要叙述一下这种干预形式的历史可能是有益和鼓舞人心的。在 20 世纪五六十年代，人们开发了一套治疗技术，统称为“行为疗法”。这些治疗技术具有两个基本特征：首先，其目标是通过处理症状（如焦虑）本身来消除症状，而不是通过处理这些症状深层次的历史诱因（这是传统精神分析的核心方法，由西格蒙德·弗洛伊德及其同事研发）。其次，它们以科学为基础，因为其使用的技术源于实验室心理学家对学习机制的发现，并经过了科学测试。行为疗法最初被证明最有应用价值的领域是对焦虑障碍的治疗，特别是特定恐惧症（比如对动物或高度的极度恐惧）和广场恐惧症，而这两种疾病都很难通过传统心理疗法来治疗。

最初，人们对行为疗法热情高涨，之后却渐生不满。造成这种情况的原因有很多，其中很重要的一个是行为疗法不能处理内心的想法，而内心的想法显然是很多人经历痛苦的主要缘由。尤其是在抑郁症的治疗上，行为疗法被证明是有所欠缺的。在20世纪60年代末和70年代初，人们开发了一种被称为“认知疗法”的抑郁症治疗方法。美国精神病学家亚伦·T.贝克（Aaron T. Beck）教授是该领域的先驱。他发展出一种抑郁症理论，强调了抑郁思维方式的重要性，并在此理论的基础上，提出了一种新的治疗方式。毫不夸张地说，贝克的研究改变了心理治疗的本质，针对的不仅仅是抑郁症，还有包括焦虑症在内的一系列心理问题。

贝克介绍的技术与行为治疗师早期开发的技术相结合，形成了一种被称为“认知行为疗法”（CBT）的治疗方法。这种疗法最初用来治疗抑郁症。它经过了最严格的科学测试，并被发现在相当一部分病例中非常成功。此外，现在已经很清楚的是，一些特定的思维紊乱模式牵涉到广泛的心理问题，而不仅仅是抑郁症，CBT针对这些问题的治疗非常有效，特别是焦虑障碍，如惊恐症、广泛性焦虑症、特定恐惧症、社交恐惧症、强迫症和疑病症，以及其他病症，如药物成瘾、神经性暴食症等进食障碍。事实上，CBT的应用范围已经超越了狭义的心理障碍范畴。例如，CBT有效地帮助了有体重问题的人、关系不睦的夫妇，以及希望戒烟或解决酗酒问题的人；CBT也成功地解决了低自尊和完美主义的问题。

这本书讲的是焦虑障碍的治疗。这是对CBT有效性研究最多的领域，也是证明这种方法成功的最有力的领域。重要的是，我们介绍的核心技术适用于治疗广泛性焦虑症，也可以为特定形式的焦虑提供具体的使用策略。这些技术，无论是应用于广泛性焦虑症还是特定形式的焦虑症，都在本书中以一种特别吸引人的、简单易懂的方式得到了呈现。

CBT的出发点是认识到我们的思维、感受和行为方式是紧密相连的，改变我们看待自己、自身经历和周围世界的方式，就会改变我们的感受和我们能做的事情。例如，通过帮助一个焦虑的人识别并挑战其关于危险的自动化思维，就可以使其找到一条走出焦虑想法和感受循环的途径。同样，习惯性反应，如回避潜在威胁，是由一系列复杂的想法和感受驱动的，而在本书中你会发现，通过一种控制行为、想法和感受的手段，CBT 可以破坏那些习惯性反应，从而使一种崭新的生活成为可能。

虽然我们已经针对各种障碍和问题研发出了有效的 CBT，但它们目前还没有得到广泛应用。而且，当人们试图进行自主治疗时，往往会在无意中做出一些使情况变得更糟糕的事情。近年来，CBT 治疗师们针对这种情况采取了行动。他们将具体的 CBT 原理和技术应用于特定的问题，并将它们呈现在手册中，供人们阅读和使用。这些手册详细说明了患者克服障碍所需的系统治疗方案。通过这种方式，人们可以在尽可能广泛的基础上采用已被证明有价值的 CBT 技术。

使用自助手册永远不会取代对治疗师的需求。许多有情绪和行为问题的人需要专业治疗师的帮助。还有一种情况就是，尽管 CBT 取得了广泛的成功，但有些人对这种疗法无法产生反应，需要采取其他可用的治疗方法。尽管对这些自助手册使用情况的研究还处于早期阶段，但迄今为止的成果表明，对于许多人来说，这样的手册足以让他们在没有专业帮助的情况下克服自己的问题。可悲的是，许多人多年来一直独自承受痛苦。有时，他们如果不先认真地自行处理问题，就不会愿意寻求任何帮助；有时他们会觉得太尴尬，甚至羞于求助；有时，尽管他们很努力地在寻求适当的帮助，却徒劳无益。对这些人中的许多人来说，认知行为自助手册是他们通往更美好未来的救生索。

彼得·J. 库珀（Peter J. Copper）

雷丁大学，2013 年

目 录

第一部分

理解担忧、恐惧和焦虑

第1章

担忧、恐惧和焦虑

有些事情只是事实。为了生存，我们不得不担忧、恐惧和焦虑，这是一个事实，但我们确实需要让焦虑为我们所用，而不是妨碍我们，这也是本书要帮助大家做到的。

担忧、恐惧和焦虑通常不会对身心造成伤害。焦虑情绪是进化的结果，我们的心智和身体也有能力从这种情绪中恢复过来。总的来说，焦虑情绪是可以理解的，而且对生存往往是至关重要的。你可能会发现，只要保证自己对压力或危险有正常的反应，你就能更好地应对挑战。

不久前，我就经历了一次对威胁的正常反应。在横穿一片田野时，我听到身后传来挑衅的“哞哞”声——可能来自一头非常不友好的公牛。我很害怕，也感觉到了焦虑情绪：我的心跳加快，肌肉紧绷。这种反应完全正常，也是非常重要的，因为我身后确实有一头公牛。我需要肌肉紧绷、心跳加速以产生足够的能量，以便迅速逃离。接下来对于旁观者来说可能很搞笑，我冲到田野边，跳过篱笆，姿态不甚优雅，但我成功逃跑了！从学生时代开始，我就没有做过类似的体育运动，如果不是因为做好了行动的准备，心中充满恐惧，我根本无法做到那一跃。

显而易见，如果我们身处危险之中，担忧、恐惧和焦虑都是必要的反应。这些情绪只有在被夸大或无中生有时，才会成为问题。如果你在广阔的田野里听到愤怒的“哞哞”声，感到恐惧是合情合理的；但如果你只是单纯在乡间散步，听到任何声音都害怕，以为附近有公牛，或者你只是在看农业电视节目，听到公牛的叫声或在屏幕上看到公牛的身影就感到焦虑，这就有失妥当了。焦虑情绪并不总是有帮助的，不合理的焦虑甚至可能成为阻碍，让你看不了跟大自然相关的电视节目，也不能漫步在乡间的小路上。本书要协助你控制的正是这种问题焦虑。

所以我们要说的是，焦虑只有在被夸大或无中生有时才会成为问题。把它控制住，它就会成为你重要的盟友，后文将会展现这一点。

对压力的正常反应

那时我们再放松不过了。正在度假的我们开车行驶在山间，景色宜人，天气舒适。突然，一个巨大的身影跃入眼帘——那是一头鹿，但是当时我并没有反应过来，只觉得肾上腺素瞬间飙升，心都跳到了嗓子眼，脖子后面的汗毛也都竖起来了，身体紧绷。我唯一能想到的只有我们的人身安全。我握紧方向盘，避开这只动物，又努力让车继续在公路上行驶。我当时脑子里只想到一件事：稳住车，保证所有人的安全。车轮直接打滑了，我听不到车上乘客的问题或者建议，只是专心地用尽全身力气确保所有人都安全，不让车撞到树。我们的车并不小，也很重，但我用不知道哪里来的力量成功地驾驶车辆脱离了危险。之后，我心有余悸，整个人完全虚脱了，但随着时间的推移，这种感觉有所缓解。

从以下简短的描述中，你可以注意到焦虑对于生存来说有多重要，因为它让我们做好了应对压力或者危险的准备。

- 首先，我们感知到危险（这是应激反应的触发条件）。
- 接下来，恐惧会刺激激素的释放，使身体和心理都产生变化。这让我们准备好战斗（接受挑战）或逃跑（脱离危险处境）或僵直（谨慎、警惕）。
- 现在，我们的身体已经为行动做好了准备（我们有战斗或逃跑的能量和力量，或者我们有保持冷静和警惕的耐力），我们的注意力也很集中。
- 一旦压力或危险消失，这些暂时性变化就会平息，我们的大脑和身体会回到更平和的状态。

我们的祖先时刻面临着对自身安全的切实威胁，比如野生动物或敌对的邻居，所以，这种战斗–逃跑–僵直（fight-flight-freeze）反应对他们来说是非常必要的。我们现如今面临的压力可能更加的微妙：拖延、不间断的家庭问题、最后期限、失业，等等，但是我们仍然和祖先一样，经历着相同的身体、心理和行为变化。

反应始于你的大脑

这一切都始于大脑：我们生来就有反应能力。大脑有一个结构（丘脑）对关乎我们存亡的信息非常敏感，它会立刻激活大脑的另一个部分（杏仁核）来决定我们应该如何应对。杏仁核随即会触发非常基本的情绪反应，即恐惧、厌恶、愤怒、悲伤以及欢愉，但它对威胁尤其敏感，会激发一系列身体和心理反应以应对危险。整个过程发生得非常迅速，我们也意识不到，正如神经学家约瑟夫·勒杜[㊀]（Joseph LeDoux）所说，我们“对危险做出反应，而不是去考虑危险”。这是一个至关重要的发现，解释了为什么我们无法停止恐惧反应，为什么我们在反应中感觉如此无助：我们只是天生如此。

我们的这种自动反应非常重要，因为快速且毫不迟疑的反应有时可以

㊀ 原书写作 Jame le Doux，疑有误。——编辑注

挽救性命。上文示例提到的司机，她只是做出了反应，没有思索当时的情境，在采取行动避开动物并保持车辆行进之前也没有尝试辨别动物的种类，因为她这么做就会浪费宝贵的时间。所以下次当你遇到司机提到的那种让肾上腺素飙升的情况时，要记住，你的大脑正在做它该做的事情：对危险做出反应，而不是浪费宝贵的时间去思考。

丘脑也会向大脑皮质发送来得稍微慢一些的信息。皮质储藏着记忆和信息，所以我们能够对照以往的经历来检验我们的情绪反应——我们会自动做到这一点。例如，那个司机看到了可能很危险的“东西”，她的杏仁核就会做出反应，肾上腺素飙升。然而，假设那不是一头鹿，而是突然落在路上的一片阴影。在杏仁核做出反应后的零点几秒，大脑皮质中的信息就会让她意识到那不过是一个影子，内心就会平静下来。也许你也有过那种“啊……哦，其实没什么”的经历。这是对感知到的危险做出的另一种很正常的反应，不需要我们有意识地去思考就会发生。我们首先对危险做出反应，然后，如果有必要——比如那只是一个影子，而不是鹿，我们就会抑制情绪。

有时候，触发恐惧反应的是划过脑海的一个想法或者一个意象，而不是像我举例说到的鹿或公牛那种切实有形的外在事物。我们的大脑对威胁如此敏感，以至于有时候仅仅是想到一些恐怖的东西，杏仁核都会发挥作用，产生恐惧反应。

一位害羞的男士如果被邀请去参加聚会，他可能会想：“我做不到，我会感到尴尬的，那太糟糕了。”或者他的脑海里会出现自己在聚会上难堪的画面。无论哪一种，他都会想到预示着威胁的东西，然后杏仁核会迅速发挥作用。这个过程一旦开始，他就会有强烈的心理和身体反应，即使他并没有遇到紧急的危险。

一位有恐蛇症的女士只要看到蛇的照片，或者错误地相信自己看到了一条蛇，又或者相信自己可能会接触一条蛇，她就会感到强烈的恐惧。

仅仅是想到害怕的东西就会让自己畏惧，这也是正常的。你的大脑和身体会启动快速反应机制，尽力保护你的安全，这意味着有时候即使威胁不是真实的，它们也会这样做。

所以，让我们先从可预期的身体变化开始，更仔细地观察一下这些对恐惧的反应。

身体变化

……我只觉得肾上腺素飙升，心都跳到了嗓子眼，脖子后面的汗毛也都竖起来了，身体紧绷……

我们可能会经历的身体反应如下。

- 肌肉紧绷
- 呼吸急促
- 血压上升
- 出汗
- 消化功能变化

所有这些反应都加强了我们的行动准备，也解释了许多与焦虑有关的身体感受，比如肌肉紧绷（甚至到了肌肉震颤的程度）、气喘吁吁、心跳加快、出汗、胃痉挛。对于那些需要以爆发的能量做出反应的人来说，这是理想的状态，例如即将参加重要比赛的运动员，需要逃离霸凌的孩子，不得不处理危险打滑的司机，或者必须躲避公牛的中年母亲。没有这些身体变化，我们会变得很迟钝，而不会蓄势待发。

这些变化通常是短暂的，一旦我们感知到危险已经过去就会消失。它们本身并不是有害的，因为我们的身体已经进化至足以应对这些突发的变化。

除了让我们的身体做好行动准备以外，恐惧还会让我们的思维做好应对威胁的准备，所以我们也会经历心理变化。

心理变化

……我唯一能想到的只有我们的人身安全……我当时脑子里只想到一件事：稳住车……我听不到车上乘客的问题或者建议……

与压力相关的心理变化包括我们思考方式的转变（思维变化），有时也包括感觉上的变化（情绪变化）。所有这些会帮助我们应对压力。如果我们面临危险或者压力，我们的思维会更加集中，专注力和解决问题的能力也会更好。面对严峻的挑战，我们会处于一种理想的心理状态——外科医生进行手术，股票经纪人对一项投资迅速做出决定，父母阻止即将走到马路上的孩子。如果没有这种心理应激反应，我们的应对可能会很草率。

我们也会体验到一系列的情绪，比如增长的易怒情绪，或者甚至是一种幸福感。我们都见过压力大的父亲对孩子发脾气，或者都听过主管在临近紧张的最后期限时变得异常精神抖擞，又或者目睹过兴奋的青少年看恐怖电影。我们也会在压力或创伤性体验期间或之后感到情绪麻木。前文示例中的司机在车辆打滑的时候没有感觉到任何情绪，这是一件好事——她没有被强烈的情绪分散注意力。在受到冲击后感觉到情绪麻木或者“波澜不惊”也是正常的，例如在事故后，人们经常说没什么感觉，甚至还有点平静。我能记得我撞了车，之后就像在做梦一样。理智上我知道自己刚刚逃离了一次死亡威胁，但我仍感觉超然和平静。我安然无恙地离开车辆残骸，组织救援，向警察和医院工作人员交代清楚情况。第二天我甚至还参加了一场考试，而且考得相当不错。两天之后我的情绪才追上来，我感到非常痛苦，但那个时候我已经可以处理车祸后续了。我们再一次看到，大脑对压力的反应真的很有用。

从本质上说，面对威胁时身体和心理的自然变化增加了我们生存的机会。

行为变化

……我们的车型并不小，车辆很重，但我不知道哪里来的力量，成功地驾驶车辆脱离了危险……

对压力或危险的行为反应通常有以下几种形式：

- 躲避（逃跑）
- 战斗
- 警惕戒备

如果我看见一棵树倒向我，我就会爆发出能量，然后躲闪到一边（逃跑）。如果我开车打滑，就会用力握住方向盘（战斗）。如果同事不公正地批评我，我会据理力争（战斗）。如果我感觉到黑暗的街道上可能隐藏着一个抢劫犯，我不会逃跑，但我会保持谨慎，睁大眼睛，竖起耳朵，寻找任何危险迹象（僵直）。如果我感觉自己可能在会议上受到挑战，我就会时刻关注着我的同事们，以便做好准备（僵直）。现在，你应该知道我要提醒你的是，这些都是至关重要的反应，如果没有这些行为变化，我会被压在树下，或者陷入无法控制的车辆滑行之中，又或者对威胁准备不足。

总而言之，到目前为止，我所描述的对压力的身体、心理和行为反应绝对是正常的、有益的，而且是至关重要的。你还应该意识到，在某种程度上，我们经历的压力越多，我们应对压力的能力实际上也就越强。这听起来可能有悖直觉，但事实是，如果我们过于平静或放松，我们根本无法让思维和身体行动起来。我们需要压力来激活我们。想象一下，音乐会钢琴家或职业足球运动员处在非常放松的状态——这并无益于他们的表现；他们在精神上和身体上的准备都不如那些感觉到一些压力的表演者，因为后者的思考已经变得十分专注，身体也已经准备好提供额外的能量。如图 1-1 所示。在图 1-1 的底部，我们很放松，但是身体和心理上都不具备应对危险的能力，因为我们还没有做好行动的准备。随着紧张情绪的上升，我们的身体和精神会越来越能够应对压力。

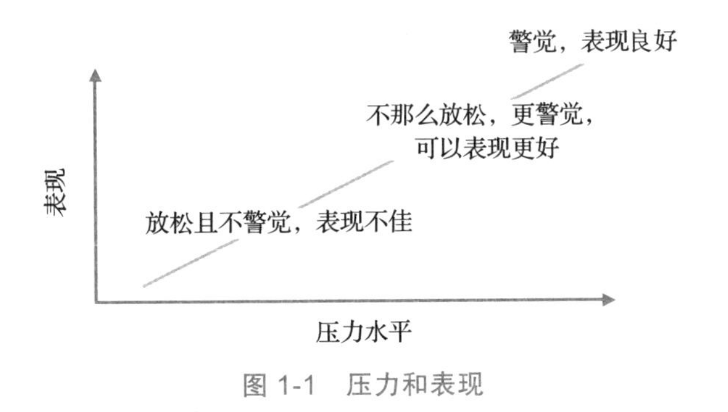

图 1-1　压力和表现

非常重要的一点是要意识到，身体和心理上的压力体验是正常且有益的，因为我们对正在发生的事情的解读会影响我们的情绪反应，这反过来又决定了我们的应对能力。几年前，我在收听英国广播节目《荒岛唱片》。那天的嘉宾是歌手卡莉·西蒙（Carly Simon），尽管多年来她一直都在众多观众面前进行表演，但她仍然饱受表演前紧张的折磨。她谈及了她和布鲁斯·斯普林斯汀（Bruce Springsteen）的一次有趣的对话。就在一场音乐会之前，她忽然觉得奇怪的是，这么多年过去了，她仍然会心跳加速，呼吸发生变化，变得急躁不安。显然，斯普林斯汀点头表示同意："是的——但这很好，不是吗？"对他来说，这是一种可接受的（也令人振奋的）迹象，因为这表明他已经做好了准备，而且这也有助于他的表现。但对西蒙来说，如此紧张并不是一个好迹象。一组正常的反应，两种解读，两种不同的观点。

到目前为止，我们已经查看了压力的短期影响，但许多人更关注长期焦虑和长期压力的影响。所以接下来让我们把注意力转向这个问题。

长期过度的压力

我以前觉得自己的生活和工作都很好。我享受一切，有很好的人际关系，而且我认为，自己的工作表现也不错。然而裁员开始了，所有人都承受着压力。一开始还不算太糟，因为我们“拧成一股绳”，互相支持。但随着时间的推移，压力越来越大。我认识的人都被解雇了，所以对我来说失业的威胁一直都存在，而且我们现在互相支持得不那么频繁了，因为每个人都在挣扎，没有足够的情感能量能给予彼此。从情感上来讲，这给我带来了相当大的负面影响：我一醒来就感到紧张，无法像以前那样集中注意力；我开始简单敷衍地度过工作日，而不是去享受它；我比以前累多了，而且很抱歉，我脾气也更加暴躁了。我尽量不让工作压力影响我的家庭生活，但我确实发现已经很难找到激情和精力来和我的伴侣一起做事，我知道我对周围的人更“不耐烦”了。

我们已经知道，应激反应在短期内是有帮助的，因为它们可以让我们的身体做好行动的准备，也会让我们的注意力集中在眼前的问题上。然而，它们是作为对压力的即时和临时反应进化而来的，一旦危险过去，这种反应就会消失。如果它们没有被切断——如果应激反应变成慢性的，我们就会超出自己的峰值。在峰值之后，我们的表现和应对能力都会开始退化。你会在图 1-2 看到与图 1-1 迥然不同的压力 – 表现曲线。这一模式是一百多年前由两位研究人员耶基斯（Yerkes）和多德森（Dodson）证实的。尽管最初的研究是在老鼠身上进行的，但他们很快就发现，相同的模式也会呈现在人类身上。

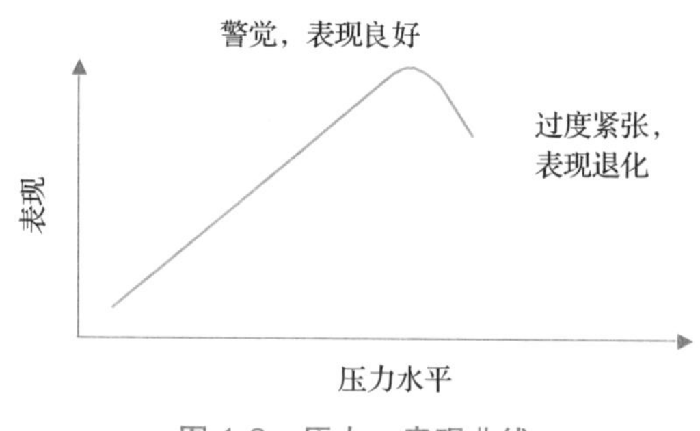

图 1-2 压力 – 表现曲线

简而言之，耶基斯和多德森的研究结果告诉了我们过犹不及的道理。

在某种程度上，应激反应确实对我们有利，但如果持续时间过久，我们就会变得压力过大，应对能力也会下降。不仅仅是慢性（长期）压力会让我们濒临崩溃，过度的压力也会导致这种情况。过度的压力可能是由外部环境（如短时间内必须参加很多考试，或者考试结果极其重要）或内部诱因（如长期以来对健康问题的恐惧加剧了我们对患病的担忧）造成的。因此，疲惫又紧张的学生在参加考试的时候可能会变得忧心忡忡，以至于大脑一片空白；焦虑的母亲太害怕自己的孩子患有脑膜炎，以至于无法正常思考，跟医生叙述她的恐惧时会语无伦次；紧张的音乐家过于担忧演出效果，以至于双手颤抖，无法弹奏吉他。在所有这些情境下，应激反应不再服务于这些人，而是开始对他们不利。

好消息是，控制应激反应并让它再次为你所用是可能的，本书介绍的技巧将帮助你做到这一点。但在继续讨论管理长期或过度压力之前，让我们更仔细地了解一下慢性压力给身体和心理带来的预期变化。

下一小节并不打算增加你的焦虑——你不一定会经历我所描述的所有障碍，但如果了解了过度紧张可能导致的后果，你在为自己的感受感到焦虑时，也许就会获得不同的视角。

身体变化

当我们长期处于压力之下时，身体的感觉会变得更加持久，有时甚至令人不快。虽然以下列举的症状可能听起来很吓人，但请记住：

- 它们是可逆的。
- 它们是对更极端压力的正常反应。
- 你要相信你能够控制这些症状。

肌肉紧张对战斗和逃跑非常重要，但可能发展成全身肌肉不适，并表现为：

- 头痛
- 吞咽困难
- 肩、颈、胸痛
- 胃痉挛
- 颤抖
- 双腿无力

在长时间或极度的压力下，你会意识到你的心跳加速，伴随着血压升高，你会开始体验到：

- 头晕
- 视力模糊
- 耳鸣

当你的呼吸频率增加时，你可能会感到：

- 眩晕
- 恶心
- 气短

如果你的消化系统受到长期压力的影响，那么你可能会遭受以下问题：

- 呕吐
- 腹泻
- 胃痛

最后，你会过度出汗，虽然这没有什么害处，但也会造成尴尬。

显而易见，这些感觉和反应本身就很糟心，但你要提醒自己，这些都是对极端压力的常见反应，是可以解释的。这可能会让你感觉稍微平静一点。

你已经知道，应激反应是一种高度生理性的反应，如果持续时间过长，你的身体会变得非常不舒服。然而，这些生理反应有时候是我们压力过大的第一个迹象。所以，如果你出现疼痛、高血压等情况，问问你自己：我的身体是不是在提醒我压力过大？这些症状可以成为宝贵的“压力温度计”，提醒我们注意放松。

心理变化

对极端压力的心理反应往往表现在我们的思维和情绪上。

对于在我们脑海中闪过的许多想法（或意象），我们会担心，会预料最坏的情况；我们会预先判定问题无法解决，并且通常会持消极态度。如果你正在阅读这本书，你可能已经有过这样的想法：

这一切都会变得很糟糕！我解决不了的！永远都不会好起来的！

这种消极的预想会让我们更加害怕，然后恐惧的生理症状就会出现，而这些足以让人惊慌失措的症状又会引发我们更多的消极想法。

我胸口痛。一定是我的心脏出了问题！这种感觉简直让人无法忍受，而我对此无能为力。

因此，我们会陷入一个最无益的恶性循环当中，消极的想法和身体变化在处于紧张状态时相互刺激——这是持续高度压力及延长身体不适和担忧的最佳养料。

而且，当我们处于极端压力下时，保持对周围发生的情况的关注、快速思考和记忆也会变得更加困难。在这种时候，我们往往会遇到以下问题：

- 注意力不集中
- 缺乏创造性思维

- 记忆问题
- 忧虑

我们的心神往往被恐惧占据，它还以另一种方式造成了损失——我们会发现自己：

- 解决问题的能力变差

总而言之，这意味着我们很难从困境中摆脱出来。我们可能会告诉自己“冷静下来”或“理智一点”，但当我们处于压力之下时，这是很难做到的。

伴随长期担忧和焦虑的情绪变化通常是以下情况：

- 易怒
- 持续恐惧
- 意志消沉

你可以想象，处理这些感觉比放任它们更加棘手，然后压力就更有可能压倒我们。管理压力和焦虑的确非常困难，所以如果你也这样觉得，就不要责备自己。

行为变化

现在来看看我们行为上的变化。这些变化如果持续很长时间，就会制造更多的障碍。我们会因为以下几点而精疲力尽：

- 坐立不安
- 四处奔波
- 睡眠问题

压力可能会导致我们的食欲发生不健康的变化：

- 增加安慰性进食、吸烟或饮酒
- 饮食不足

这些身体反应会损害我们的幸福感，并进一步妨碍我们解决障碍。

然而，面对恐惧最常见的反应是逃跑：

- 回避

这是我们之前了解到的固有“逃跑”反应的一部分。不幸的是，我们从中得到的解脱往往只是暂时的。更糟糕的是，它会开始侵蚀我们的自信，以至于我们更加难以面对某些情况。所以它开始妨碍我们，而不是作为一种应对策略为我们所用。

你可能还记得，我们也有“战斗”反应，而且这通常代表了我们应对压力的最佳尝试：试着直面恐惧。虽然这可能会有所帮助，但如果我们做得过多，或者我们过早地承担太多，我们的应对策略有时反而会让事情变得更糟：

- 应对失当

艾丽莎本以为自己可以通过不断去看全科医生来消除自己对健康问题的恐惧，但她其实只是对医生的安慰话“上了瘾”，每次会诊结束之后，焦虑很快又回来了。

法比奥似乎对每件事都很担心，他试图通过每天早上进行一项简单的仪式来解决这个问题，这使他有信心开始新的一天。但是，事情仍然不时地出错（因为他并没有真正感觉到安心），所以他不断将仪式变得更加精细，直到仪式本身成为一个问题。

克拉拉害怕乘坐公共交通工具，但她认为克服恐惧的方法就是直面它，所以她勇敢地尝试在高峰期乘坐火车。这对她来说太难了，所以她感觉很糟糕，甚至对自己能应对自如的事情也没有信心了。

你可以看到，产生与焦虑相关的问题实际上可能是因为我们想尽最大努力去解决原本的问题。我们的行为有一种逻辑：如果我们害怕并认为无能为力时，我们就会选择逃避；如果我们认为自己能做某件事，我们就会去尝试，即使我们的应对策略可能会适得其反。所以，如果你尽了最大努力去管理自己的恐惧和担忧，就给自己一个肯定，然后下决心改善自己的应对策略，以便它们可以为你所用，而不是形成阻碍。这本书会帮助你找到新的应对方法。

截止到目前，我们可以清楚地看到，尽管我们尽了最大的努力，但我们对焦虑和压力的反应本身也会变得令人痛苦。这也许是因为身体变化令人惊慌，或是因为忧虑和情绪变化削弱了我们的应对能力，又或者是因为失去自信使我们难以面对恐惧并克服它们。不管是什么原因，当自然的应激反应导致更多困扰时，一个难以控制的循环就会形成。这个循环在压力被触发后让反应持续，从而导致了所有形式的对问题的担忧、恐惧和焦虑。

无论触发因素是什么，问题持续存在的关键是担忧、恐惧和焦虑的（恶性）循环，而克服焦虑的关键在于打破这些循环，我们将在下一章探讨这个话题。

小结

- 担忧、恐惧和焦虑不但是正常的，而且对生存至关重要。
- 它们会引发我们的身体和情绪变化，也会改变我们的思考和行为方式。
- 当压力和焦虑持续很长一段时间，或者当它们被过分夸大时，就会产生问题。
- 恶性循环让这些问题持续存在，而克服焦虑的关键是打破循环。

第2章

持续焦虑的循环

我一旦开始担心就停不下来了。事情钻进我的大脑，似乎占据了一切。每当这种情况发生，我就会不安和紧张，然后开始担心这样的紧张会对自己的身体造成伤害。这又会引发一连串的恐惧，然后我开始害怕自己失去理智。我试图避免那些可能引发我焦虑的事情，但随即又开始担心自己会变得越来越孤僻。我似乎找不到任何出路。

"为什么我的焦虑没有好转"以及"为什么我的焦虑加重了"这两个问题的答案通常是："因为你陷入了一个恶性循环。"恶性循环效力巨大，会让压力和恐惧一直持续下去。上面的例子告诉我们，当我们陷入会造成更多压力的模式时，一个完全健康或正常的应激反应是如何演变成问题的。这种循环是由身体感觉、心理反应、特定行为、社会环境以及这些因素在某些情况下的综合作用造成的。打破这种模式的第一步就是要识别那些导致你痛苦的循环。

下面我们将探讨焦虑持续的不同方式。当你看到这种"恶性循环"为数甚多的形式时，不要灰心丧气——你看的例子越多，就越有可能认识到与你经历相符的无益循环。然后你就会意识到自己的挣扎是不足为奇的。更妙的是，你将找到一条出路。管理焦虑的关键是打破这些循环，每次你发现一个循环，你就在克服焦虑上向前迈进了一步。本书第三部分讲述的技巧会告诉你很多打破不利模式的想法和技能，让你把它们变成对自己有利的“良性循环”。

生理持续性循环

压力引起的身体反应会引发痛苦的循环。尽管当我们担心和害怕时，强烈的生理体验是很常见的，但它们也会导致恐慌，引发更多的紧张和担忧，尤其是当我们误解了发生在自己身上的事情，或者我们的身体反应过度时。这种情况发生时，本来正常的反应可能会导致惊人的后果：

- 误解肌肉紧张：“胸痛——这是心脏病发作！”“喉咙太紧——我要窒息了！”“头痛——我有肿瘤了！”“胃痛——癌症！”
- 误解呼吸频率的变化：“我不能呼吸了——我要憋死了！”
- 误解头晕：“我头昏眼花。我要晕倒了！”“我中风了！”

或者，人们的反应可能只是“我不行了！”显而易见，任何这些令人恐慌的结论都会增加我们的痛苦，如图 2-1 所示。

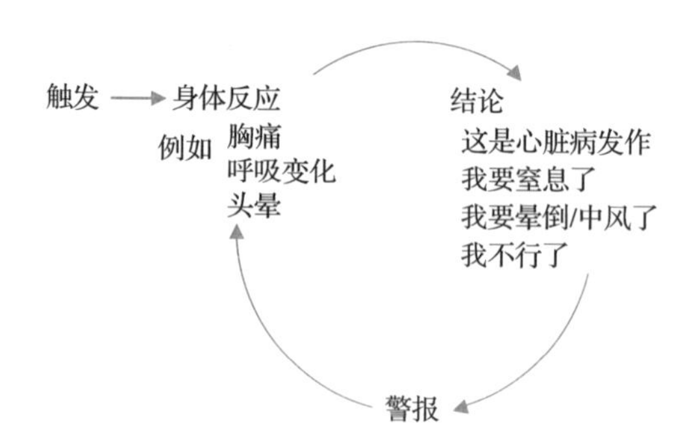

图 2-1 我们的身体反应如何维持压力

我们有时意识到的肌肉疼痛、呼吸困难等，实际上只是对压力的反应。然而，如果我们的身体反应很严重，这种体验会非常不舒服，非常可怕，足以产生对焦虑症状的恐惧：**对恐惧的恐惧**。

去年我的焦虑症发作了。我知道那只是焦虑，没有生命危险，但我的感觉是如此可怕，以至于我现在害怕变得焦虑。

一旦这种情况发生，即使是设想一下感受恐惧的可怕体验，也会引发焦虑：对恐惧的恐惧会引发恐惧。这是一种糟糕的束缚，但是，你稍后就会了解到，我们是有可能打破它的。

对压力的身体反应会以其他方式让问题持续下去。战栗、出汗、恶心、嗓音颤抖等身体症状会影响我们的表现，尤其是在公共场合。当你意识到这一点后，会很容易加剧自己的担忧，使身体症状恶化。想象一下，一个紧张的男人拿着杯子穿过房间，害怕把茶洒出来；或者一个焦虑的孩子必须在课堂上背诵一首诗，担心自己会支支吾吾。在任一情况下，对犯错的恐惧可能会导致男人或孩子最害怕的事情发生：颤抖到打翻茶杯，或者变得口齿不清。另一个例子可能是一个孩子在学校里压力很大，她会因此感到恶心，这种身体上的不适会引起她额外的担心，从而加重压力。或者，一个男人可能发现自己得了高血压，并对此感到非常担心，结果他变得更加焦虑，血压进一步升高了。

长期压力影响我们的另一种方式是干扰我们的睡眠：

我的医生对我说："放松就好，你会发现你睡得更好。"这其实没什么问题，但她不是那个辗转反侧几个小时、担心再睡不好就会毁掉第二天的人。我是一名教师，如果我感到精疲力尽，就不可能管住一教室的孩子，而这就是我每天的感觉。我现在确实不喝咖啡了，但这并没有多大帮助，因为我已经到了一种时时刻刻紧张不安的地步。我害怕上床睡觉，因为我知道我睡不好，然后我预料到自己第二天在学校根本无法应付工作。这一点让我心烦意乱，我最做不到的就是放松。

在这个例子中，你可以意识到失眠会造成新的障碍，而且不幸的是，应激反应往往就是这样。

有时，我们处理新障碍的方式只会增加问题：

我姐姐总是说："这一切都只发生在你的脑海里，都是你想出来的。"这让我很恼火。当我出门坐车时，我向你保证这一切都在我的胃里！当我在家的时候，我感觉很好，除非我知道自己一会儿必须要出去，然后我就会进入某种状态，不得不上两三次厕所。但是，一般来说，我只会在行程当中感觉难受。这就是我现在基本不去其他地方的原因。我很久以前就不再乘坐公共交通工具了，因为我不能随意下车。我也不会去看望住在 48 公里外的姐姐，现在更多时候都是用电话联系她。幸运的是，我的大多数家庭成员都住在附近，他们很愿意来看我。如果我必须出门，我会吃一些医生给我的镇静片。这样我就能够往返于家与诊所之间。我正在失去信心，和姐姐的关系也变得紧张，我认为这给我带来了更多的压力，对我来说不是件好事。

心理持续性循环：偏误思维

精神和情感过程（心理过程）也会导致问题焦虑。随着恐惧程度的增加，我们的思维和感受会变得更加极端——所有人都是如此。有时我们的想法会变得非常扭曲，我们称之为偏误思维（稍后会详细讨论这个问题）。

当我们面对可怕的或威胁性的情况时，我们往往会做一个快速估计——估计危险程度以及自己处理情况的能力。想象一下，我想过马路，看到一辆车正朝我开过来，我会马上进行判断：如果我现在走出去，它撞到我的可能性有多大（估计危险程度），然后考虑我的移动速度（应对能力）。如果车子离我不远，我买完东西也很累，我会决定再等一下；如果车子离我不是那么近（危险较小），而且我穿着合脚的鞋子，没有负重（应对能力强），我可能会判定自己可以安全通过。这是一种有用的估计方法，我们每次面对潜在威胁时都会自动进行这种估计。然而，患有问题焦虑的人往往会：

- 高估危险
- 低估我们控制或应对情况的能力

例如，害怕驾驶的人往往会高估驾驶的危险，低估自己的驾驶能力；高估考试不及格的可能性、低估自己的能力，会加重考试紧张；患有健康焦虑症的人会高估患病的可能性，低估自己应对疾病的能力。

如你所料，这通常是恶性循环的开始：这种失衡的观点夸大了恐惧，继而使思维更加扭曲或偏颇。这样一来，我们就更难保持切合实际的看法，也更难掌控自己的处理能力了，我们会越来越不擅于处理各种情况。

想象一下，你没有马上在厨房的桌子上找到你的车钥匙。你会扫视一遍房间，看看是否把它们放在了别的地方。如果你没有看到它，你就会开始思考所有你可能放钥匙的地方。现在想象一下，你正承受着压力——你开会迟到了，而在这种压力下，会议的重要性提高了：

- “这是我本周不能错过的一次会议！”（高估了危险）
- “我没法及时找到钥匙了，我不知道该怎么办了！”（低估了处理能力）

你变得更加焦虑，大脑一片空白。你想不出钥匙可能在哪里。你开始预测自己会错过这次会议，你在公司的任职也会岌岌可危。这种担心会让你粗心大意，只是随意地翻查碗和垫子下面，不能系统地进行搜索。你的紧张程度进一步上升，满脑子都是错过这次“非常重要”的会议所造成的灾难性后果。你太专注于自己不断升级的恐惧，以至于忽略了显而易见的东西——你的伴侣指出，钥匙就在你的口袋里。

在这个例子中，很明显，焦虑的头脑可能是扭曲的，偏向于消极的想法，例如："我没法找到钥匙了！"当我们有压力时，这种偏误思维很常见，我们时不时都会这样，可能陷入一个简单但却非常强大的无益循环，即不断增加的焦虑、担忧和压力，如图2-2所示。

图 2-2 我们的思维方式如何维持焦虑

思维偏误通常分为以下五个方面：

- 极端思维
- 选择性注意
- 依靠直觉
- 自责
- 担忧

熟悉这种"扭曲思维"是个好主意，因为如果你能及早发现它，通常就能阻止恶性循环的形成。你对自己的"扭曲思维"越熟悉，就越容易抓住它。思维偏误多种多样，但是其中有一些要比其他的更常见，尤其是当我们感到焦虑的时候，下文将对常见的思维偏误进行更详细的描述。

在你阅读它们的时候，想想有多少与你的情况相符，以及什么时候你更有可能这样想——因为不同的情况会引发我们不同的思考。还要记住，思维偏误是可以共存的，这意味着你可能会经历不止一种类型的偏误思维。你可能会注意到其中一些思维方式非常相似，也许相似得令人困惑：非此即彼经常与夸大其词和以偏概全重叠，而灾难化和担忧也有共通性。不要执着于精确定义你的思维，只需简单地利用下面的例子来帮助自己认识到思维是如何以及何时被扭曲的。试着感受一下自己在思考时的"阿喀琉斯之踵（致命弱点）”。

1. 极端思维：生拉硬扯

灾难化

我担心我的报告不够好，不，可以说它简直是垃圾。客户会很失望，消息会传出去，人们会知道我有多没用，然后就会产生很大的负面影响。长此以往，我都要为此付出代价。

“灾难化”这个词很妙，它意味着我们会将事情的后果预见成一场灾祸，总是做最坏的打算。任何持有这种观点的人都会感到焦虑。小题大做者会下意识地认为，公函里装的一定是纳税单或者超速罚单；同事皱一下眉头就意味着他不喜欢你；飞机颠簸是引擎故障的征兆；小手术会导致死亡。这听起来是不是很熟悉？

灾难化在有健康担忧的人群中很常见。如果你的焦虑集中在健康问题上，你可能会对以下内容感到熟悉：头痛预示着中风；胸痛意味着心脏病发作；皮肤刺痛或麻木是多发性硬化症的征兆；皮肤下的肿块预示着癌症；喉咙痛是流感的开始，而这场流感会阻止你完成已经安排好的工作，这将意味着你永远无法赶上自己的进度，你的声誉将永远受损！

灾难化涉及言语和画面。有时，引发痛苦的是脑海中一系列转瞬即逝的画面，而不是接二连三的想法。虽然这些想法和画面都很戏剧性，但灾难化的过程通常只需要片刻——它是驱动焦虑的强大引擎。你有没有发现自己在某些时刻、某些场景中陷入过这种模式？

非此即彼

我把事情搞砸了。不能再糟了。

这意味着以绝对的方式看待一切，而拒绝体验更温和的反应。有些人可能会说“我一直感觉很糟糕”，而不是考虑“我现在感觉很糟糕，但是我可以在别人的帮助下变得更好”；或者声称“所有人都一直挑我的毛病”，而不是“我有时会受到批评，但有时这些批评并不公平”。这听起来熟悉吗？

另一种常见的非此即彼思维是期望自己达到完美：“如果不完美，那就不接受。”“我失败了，这不对劲。”没有人是完美的，更不可能一直完美，如果我们对自己抱有这样的期望，我们很有可能会失望，而这可能会造成更多的压力。

不切实际的标准

我本应该把这个做得完美。我本不该犯任何一个错误。

如果你发现自己经常使用“应该”“应当”和“必须”，你可能会给自己带来很大压力。有时我们这样做是因为老师或父母给我们强加规则，有时是因为我们感觉自己不够好，试图通过做好所有事情来弥补。虽然努力没有错，但抱有不切实际的期望往往会使我们大失所望、疲惫不堪——没有人可以一直取悦所有人。与“我会尽我所能，并为此感到自豪”相比，如果我相信“我不应该犯任何一个错误”，我可能会更紧张（也许还会更懈怠）。如果我回头想想：“我本该做得更好，我本该做得完美！”我就会不满自己的表现，自信心也会受到影响，而这会使得我下次做事更加困难，可能导致我表现更差。你能辨别出这其实是恶性循环的另一个例子吗？

2. 选择性注意：只看消极面

夸大其词

偏偏就我倒霉！我所有事都不顺心，每次都是！

这句话形容的是我们放大生活中负面或令人担忧的事物的那些时刻。所以如果我的老板指出我忘了做某件事，我可能会夸大其词，然后想：“我真是垃圾。”而不是简单地承认自己只是忽略了许多事情中的其中一件。另一个例子是，如果我听到一个电台主持人说饮酒和癌症之间有关系，我会马上得出结论："我完了！我喝酒了，我会得癌症的！"我忘了主持人说的是中度到过度饮酒，而我只喝了一点点。相反，我立即夸大了自己要承担的风险，而这引发了真正的恐惧和惊慌。你有没有做过这样的事情？

以偏概全

我怎么总是摊上这种事！我把一切都搞砸了，而且大家都知道了。

这与夸大其词类似，所以两者经常同时出现。以偏概全意味着我们过分看重单一事件。例如，露丝走进办公室，她的一个同事忽视了她，她感觉很糟糕，因为她马上就断定没有人喜欢她。事实上，她的同事也有自己的烦恼，而且心事重重，但是露丝却陷入了这样一个陷阱：过早对一些事情做出假设，然后直接得出令自己惊慌的结论。不只她一个人，我们都时不时地这样做，尤其是当我们担心或有压力的时候。另一个例子是斯蒂芬，他担心被解雇，所以他在工作中变得愈发紧张。在这种情况下，他会特别留意自己的错误，无论这个错误有多小，而且他会把所犯的错误都放大。所以，一个很小的错误就可能引发一连串戏剧性的想法："我永远都完成不了这项任务或其他任何任务（非此即彼，以偏概全），经理会认为我无法胜任这个工作（妄下结论），我会丢掉工作（灾难化）。"这当然会增加这个可怜人的压力，使他的想法越来越偏颇。我不想把事情写得太糟，但情况事实上可能会变得更糟，因为增加的压力可能削弱他的工作表现，进一步加剧他的恐惧。你现在能看出偏颇的观点是如何构建无益的恶性循环的吗？好消息是，我们是可以解决偏误思维，打破恶性循环的，我们稍后会讲到这一点。

忽视积极面

我什么都做不好。

另一个常见的陷阱是在心理上过滤掉好的、令人安心的事实和事件。

如果我被困在这个陷阱里，就不会注意到别人对我的赞美，也不会承认自己的成就；我不会认识到自己的长处或好运；我对朋友们的溢美之词不屑一顾；我回家时会觉得自己一事无成。这是一种将奖励从生活中抹去的思维方式。其他例子包括：学生忽略一连串的好成绩，只关注一个差成绩；护士没有注意到病人们对他说的很多“谢谢”，只对一个病人批评了他的工作耿耿于怀；少女对自己的发型不满意，却忘记了别人对她外表的赞美。这些人都忽视了积极的一面，有时还将其与夸大其词或以偏概全结合起来。此外，如果一个人不能认识到自己的成就和个人优势，那么他就会缺乏自信，从而无法很好地应对压力，继而产生恶性循环。当我们承受压力时，我们更容易陷入忽视积极面的陷阱。

审视

什么都逃不过我的一双“鹰眼”。

审视，即搜寻我们害怕的东西，也会导致问题焦虑，出现这种情况有两个原因。

首先，它增加了看到、听到或感觉到可怕东西的可能性。一个不害怕蜘蛛的人走进房间时可能不会注意到蜘蛛网、布满灰尘的角落甚至蜘蛛。然而，害怕蜘蛛的人会警戒危险，注意到每一个蜘蛛网、角落和爬行生物。任何一个暗示蜘蛛存在的东西都不会被忽略，而这可能会加剧恐惧。同样地，一个不担心自己健康的人通常能忍受疼痛和轻微不适，不会过多注意它们，而害怕有健康问题的人注意到完全相同的身体感觉后会开始胡思乱想，担心自己患上严重的疾病。

其次，在审视时，太有可能出现虚假警报了。对于患有蜘蛛恐惧症的人来说，这种假警报可能就是把地毯上的绒毛误认成蜘蛛，或者把墙上的裂缝误认成蜘蛛网；对于害怕出现健康问题的人来说，如果他发现了一个完全无害的肿块，就很可能产生可怕的误解，推测自己患了癌症。无论哪种情况，担忧的人都会变得更加恐慌。

现在停下来细想一下，你是否也有习惯审视的东西？也许是一张不友好的脸？不卫生的迹象？飞机上奇怪的声音？

3. 依靠直觉：有一种本能的感觉

妄下结论

我的职业生涯到此为止了。我的老板会认为我完全无法胜任这项工作。

当我们不权衡事实便打定主意的时候，就会出现这种情况——我们做出的反应只是出于直觉："那真的太糟糕了，每个人都认为我是垃圾，大家永远不会把我当回事！"我们会对过去妄下结论（"那真的太糟糕了"），或者对未来做出预测（"大家永远不会把我当回事"），另一种特别常见的妄下结论的形式就是读心术（"每个人都认为我是垃圾"）。如果我们不能佐证自己的结论就让这些想法来烦扰我们，这是不公平的，然而这就是往往会发生的事情。一旦其中一种想法出现在我们的脑海中，我们就会感到害怕或沮丧，就更难应对了。有时我们只是感到紧张或害怕，然后我们就会妄下结论：我一定是受到了威胁——"我感受到了，所以这一定是真的。"（在下文的情绪化推理中，我们会更详细地展开这一点。）你有多少次发现自己接受了这样的结论，而不是自问它是否有事实依据？

情绪化推理

我感到紧张——我一定在发抖，而且大家都看得出来。

我感到紧张——我一定是害怕了。

我感到害怕——我一定是受到了威胁。

我觉得自己像个白痴，所以我一定是个白痴！

我感到难为情，所以现在每个人肯定都在看我。

这就是"我感受到了，所以这一定是真的"陷阱，它有不同的触发因素：身体上的（“我感到紧张……”）；情绪上的（“我感到害怕……”）；认知上的（“我感觉自己像个白痴……”）。以第一个为例——紧张并发抖。真的每个人都会注意到吗？这些感觉真的就是恐惧吗？让我们远离挑战性的环境去拥抱其他可能性：也许我确实感到紧张不安了，但没有人会看到；也许我感到紧张是因为我饿了，或者我喝了太多咖啡，或者我生气了。这些事情中的任何一件都可能让我有点发抖。

“感觉到害怕一定意味着有东西值得害怕”，这一结论又如何呢？有些时候恐惧感是没有根据的——感觉就只是感觉，不是事实。我们可能都有过虚惊一场的经历，在没有必要的时候感到害怕，发现我们的惊慌是没有根据的——时刻意识到这种可能性的存在是很重要的。

最后，还有一种想法或意象会引发担忧和恐惧：“我觉得自己像个白痴”或“我觉得好像每个人都在看我”。感觉到某些东西（即使我们的感觉非常强烈）并不会让它变成真的。在你生命中的某个时刻，你可能坚信圣诞老人是真实存在的，但这并没有使其成为一个事实。

这里的重点是，我们有时会曲解自己的想法和感受。在得出可能使焦虑加剧的结论之前，我们需要仔细考虑各种选项。例如，老师可能会因为各种各样的原因觉得自己像一个傻瓜（也许有一位刻薄的学生家长经常这么说他，也许他是一位低自尊者，对自己过于苛刻），但事实上，他是一个非常能干的人，只偶尔犯一个可以理解的错误。你能遵循的最好的指导方针，就是在基于直觉得出结论之前，检查一下所有的证据。

4. 自咎：内心反省

自我指责和批评

这只能怪我自己。都是我的错。

一个孩子不小心弄坏了某样东西。他很沮丧，害怕被妈妈责骂。他的哥哥站在他身边，说道："看看你做了什么，太愚蠢了！"这个孩子感觉如何？更好？更糟糕？不那么害怕？更害怕？他现在还能清醒地思考吗，还是他不太知道该做什么？他很有可能感觉不好，也不能很好地处理这个问题，因为总的来说，责骂只会适得其反，并不能帮到孩子。它不会建立信心，只会减少信心，让我们更难应对问题。人们很容易陷入自我指责和批评的陷阱，而这通常会让事情变得更糟。

如果你发现自己正在这么做，请试着暂停一下，问问自己，你是否会对好朋友或自己的孩子如此严厉；问问自己，你会在他们难过的时候说些什么。你可能会更善解人意，更有建设性，从而帮助到他们。对自己使用同样的标准吧。

谩骂

我真是个白痴！

听到内心发出刺耳的、无情的声音是如此容易。就像自责的声音一样，它往往会让事情变得更糟。我知道，有时候我们认为严厉会激励我们前进（也许有时确实如此），但研究表明，从整体上来说，鼓励更有效。通读整本书，你很可能会注意到一个主题，就是对自己要有同情心，这在认知行为疗法中是一种越来越流行的观点，而且理由充分——人们发现它能帮助我们处理各种各样的障碍。我明白，如果你习惯了对自己苛刻，要采取这种态度真的很难，但从长远来看，它会帮助你变得更坚强，更有韧性。

大包大揽

这是我的错，都怪我。

几年前，我曾与一位女士共事，她总是将不好的事情归咎于自己，而且她坚信，这是事实，她就是罪魁祸首——直到她发现自己雨天在公交车站，会因为同行的乘客抱怨天气寒冷、身体不适而感到内疚。当她站在那里感觉自己有责任的时候，她才意识到她有点过于大包大揽，把很多事情都个人化了，甚至到了把坏天气也归咎于个人的地步。她深入细想，发现自己经常这样做：在社交聚会上，如果忽然没人说话了或某人看起来有些尴尬，她会觉得那都是她的错；如果她的老板不高兴，她会认为一定是老板对她的工作不满意；如果一个同事对整个部门提出批评，她会认为他实际上是在批评自己。这听起来熟悉吗？有趣的是，如果同事称赞了整个部门或者老板看起来很高兴，她又不会把事情个人化了。这是一种没有胜算的态度——她从愉快的事情中得不到乐趣，却总是把不愉快的事情个人化。这会使她的情绪低落，自信心下降，越来越焦虑。就像我们其他人一样，她越焦虑，她的想法就越扭曲，很快就会陷入恶性循环。

5. 担忧：一事无成

如果我老板发现了该怎么办？如果他辞退我该怎么办？如果……该怎么办？

担忧在焦虑人群中很常见。它描述了一种特定的思维方式，在某种程度上可以很好地为我们所用。我明天要去瑞典，担心自己忘记带护照，担心没有现金会受困，正是这种担忧促使我去检查护照是否在包里，然后找时间去银行取一些瑞典货币；当我开车时，我担心会发生事故，所以对路上的危险保持警惕；当我做演讲时，也是前一天晚上的担忧促使我完成了适当的准备。那么，既然“担忧”这么有用，为什么还要担心“担忧”呢？其实，如果我们担心得太多，它就会对我们不利，我们就不能很好地做决定，不能集中精力，不能提前计划，最重要的是，它会妨碍我们有效地解决问题。此外，如果这种情况持续，它还会干扰我们的睡眠，制造紧张，让我们精疲力尽。我们再一次看到了过犹不及的弊端。

担忧是一种思维方式，而不是一种情绪。是我的担忧（我的思维方式）让我焦虑（我的情绪）。这听起来像是吹毛求疵的区分，其实至关重要，因为改变我们的思维方式比直接改变我们的情绪要容易得多。如果我们能停止担忧，焦虑就会自行解决。

担忧是一个“如果……会怎样”的问题。这让我们对未来充满恐惧：如果一切都出错了怎么办？如果我的票丢了怎么办？如果我病得很重怎么办？

有时一种类似的思考方式——穷思竭虑——也会出现。它不是展望未来，而是着眼于过去，我们可以通过一个不同的前提加以识别：“如果……就好了。”“如果我准备得更好就好了……”“如果我在正确的时间说了正确的话就好了……”“如果我再小心一点就好了……”就像担忧一样，它在一定程度上也是有所帮助的。只要我利用这种穷思竭虑来发展后见之明，它就是一种可以指导我的智慧，是有益的——也许下次我会准备得更好，更及时地说些什么，更谨慎，等等。但如果我只是深陷在“如果……就好了”的思维中，那么我就会泄气，准备和应对事物就会变得更加困难。

担忧常常是一系列的想法：“我牙疼——我担心出了什么问题……还得补个牙。哦，不，那会很疼的。我的牙甚至可能会掉……我该怎么办呢？如果换颗牙要很贵怎么办？”一连串令人担忧的可能性——难怪一旦担忧占据了主导地位，就会让人痛苦不堪。我们越不确定，就越容易猜测和担忧。一旦我们知道结果会是什么，我们通常就可以解决问题，但未知是很难处理的。

担忧虽然令人不快，我们有时却很难释怀，因为我们相信它可能会有所帮助。例如，我们经常会听到这样的话：“如果我担忧这件事，至少我会做好准备。”这种说法还是有一定道理的，因为一点担忧会将我的注意力转移到应该关心的事情上：“我的车有足够的汽油吗？”“如果我们丢了行李怎么办，我有旅游保险吗？”只要我最初的担忧能够促使我采取行动、处理潜在问题，那它就非常有用。然而，如果我只是被一系列的担忧所困扰，那么我处理障碍的能力就会越来越弱。有时候，让担忧持续下去的信念更像是一种迷信："如果我担忧，它可能就永远不会发生。"这就属于依靠直觉的范畴了，正如我们在前面的小节中了解到的，依靠"本能感觉"的论据是薄弱的。

偏误思维并不全是有害的

我不想很极端地讲述偏误思维，所以必须强调一下，它们并不都是有害的；记住，它们也可以帮助我们应对危险。在下面的例子中，格里很快就陷入了非此即彼和灾难化的思维模式，而这是件好事。

格里正沿着一条漆黑的道路行驶，看到一个人形的影子在车前晃动。他立即想到："一个孩子！我会杀了他！"然后他刹车了。没有碰撞，没有人受伤，这是个很好的反应。如果那确实是个孩子，一条生命就得以幸存下来；如果只是一个影子，那也没有什么伤害——有备无患。

现在来看看伊恩，他没有"偏误思维"。他看到这个形状就会想："嗯，我想知道这是一个孩子，还是一个影子，或者可能是别的什么东西……"他并没有使用非此即彼的思维方式。他接着想："如果是个孩子，我的车速可能会也可能不会把他撞倒（没有灾难化）。仔细想想，我以前也遇到过类似的情况，结果只是一个影子（没有以偏概全）。再回头想想，我很少会发生事故（没有忽视积极面），所以基于以往的概率，我今晚不会发生事故（没有妄下结论）。"如果前方的幽灵是个影子，这就没什么问题，但如果它是一个孩子，那这个孩子现在应该已经被撞翻了。你可能还记得上一章我们提到过，我们的大脑被设定为"有备无患"，所以我们更有可能产生格里的反应，而格里的反应本来也没什么问题。

另一个有用的偏误思维例子就是我们在可能身陷危险时进行审视，凭借它提高发现有害事物的可能性：感到害怕的士兵在穿越战场时会审视敌人，比那些懒得检查是否有危险的士兵更有可能活下来；在过马路前注意交通状况的学生要比不注意的孩子更加安全。

然而，一切都需要保持平衡。尽管偏误思维在某些情况下是有益的，但如果一直以这种方式看待事物，或者它太容易被触发，那就没有帮助了。之后，我会让你把想法记录下来或者写成日记，你会有很多发现，其中一个就是自己陷入偏误思维的次数，这会让你知道这些想法的出现频率是否得当。

尽管我们的思想很强大，但它并不是恶性循环的唯一心理驱动因素。有时，我们的情绪、行为甚至其他人都会助长这个问题，所以让我们来看看其他方面。你越能理解引发你焦虑的诱因，就越能控制你的恐惧。

情绪持续性模式：情绪很重要

我们的情绪会影响我们的压力和焦虑程度。几乎每个人都会有情绪良好的时期（无论多么短暂），在这期间，他们会觉得自己可以接受挑战——心情好就可以成事。然而，我们很多人可能都经历过糟糕的时期，此时，一切看起来都是挑战，我们很容易变得焦虑和担忧。

遗憾的是，与压力相关的情绪变化有时会妨碍我们应对压力。持续的焦虑会让人泄气，让我们感到绝望和痛苦——这当然会让我们更难应对障碍，我们的压力也因此变得更大：又一个恶性循环。所以你可以看到，了解如何尽早发现对问题的担忧、恐惧和焦虑并打破这种循环，是很重要的。

易怒通常与压力有关，也会导致焦虑，因为在这种情绪状态下，我们往往很难集中注意力，跳出自己的情绪去思考问题，所以会很容易犯错误，然后开始担忧和自我批评："万一我做错了呢？""如果忘了做那件事，我会惹上麻烦的。""她会怎么看我呢？要是我没有脱口而出那句话就好了。""我太草率了！”这类想法会妨碍我们处理焦虑，结束循环。

行为持续性循环：寻求舒适感

行为问题很大程度上归因于，当我们沮丧时，我们会寻求解脱——就这么简单。寻求解脱并不总是坏事，但有时我们的所作所为会适得其反，使事情变得更糟。

回避和逃离

当我们认为自己处于危险之中时，自然的反应就是回避或逃离这种情况。这种反应在短期内是令人宽慰的；如果能让我们远离真正的危险，那么它也很有帮助。但是，回避和逃离那些并非真正危险的情况只会延续恐惧，因为它会阻止我们认识到自己其实是可以应对的：一个害怕上学而在家里接受教育的孩子，永远不会知道学校是一个安全的地方；一个认为自己无法适应密闭空间而逃避乘坐飞机的人，永远没有机会学习如何适应密闭空间；一个避免在主干道上开车的女人，永远不会发现她其实具备必要的驾驶技能来应付主要道路……你可能已经明白了。

回避和逃离可以采取明显或隐晦的形式。

- **明显的回避和逃离**：这是很容易见到的——那些从不进入让他们害怕的购物中心，或者走进来瞬间又跑出去的人。
- **隐晦的回避**：这种情况更难以发现，因为人们看起来似乎是在面对他们的恐惧，但他们只有在“拐杖”的帮助下才会这样做，这让他们永远无法学习如何应对。例如，史蒂夫的确会去购物中心，但仅限于有朋友陪伴，或者当他推着购物车以便支撑身体时，又或者在他喝了一杯酒给自己壮胆的情况下。你可以看到，史蒂夫从来没有意识到，在没有帮助的情况下面对自己的恐惧对他来说是可能的，因此他一直没有什么信心。

酒精和兴奋剂

另一种会加重焦虑感觉的常见行为是在压力下使用酒精和（尤其是含有咖啡因的）兴奋剂。点一支香烟，喝一杯咖啡或茶，或者吃一块巧克力，这些都会促进而不是减少肾上腺素的释放，从而使压力症状加重。反过来，压力又导致更多的不适和担忧，所以这真的不是一个好策略。饮酒也会适得其反。虽然它在短期内是一种镇静剂，会让我们平静下来，但酒精在代谢过程中又会变成一种兴奋剂。因此，虽然饮酒的直接效果可能是帮助你放松，但这是短暂的，酒精实际上会增加压力。你可能经历过这样的夜晚，当你浅酌一两杯放松入眠后，却发现自己在半夜醒来，再也无法睡着。

食物、药物或酒精的摄入如果成为一种长期的应对策略，就会导致身体变化（如超重、多病、上瘾）。很明显，这些后果会加剧压力和焦虑。通常，摄入这些物质也是一种隐晦的回避形式。如果你以这种方式逃避，你就没有学会面对自己的恐惧，也没有学会应对困境的挑战。史蒂夫把酒精当作“拐杖”，结果他没能克服在人多的地方购物的恐惧。

寻求安慰

寻求安慰也会加剧对问题的担忧、恐惧和焦虑。试图从别人的话中或通过查阅信息来寻求安慰是很自然的，如果我们利用它去寻找更好的方法来处理我们的担忧，它会有所帮助。然而，不断地寻求安慰并不是一个好主意。如果你不把鼓励的话语和信息收集作为回顾情境和寻找新的应对方法的基础，这种缓解就只是暂时的。很快，你就会觉得有必要再次寻求安慰，这就产生了毫无帮助的反复安慰模式：每次女儿出疹子，忧心忡忡的父亲就带她去看医生，却从来没有学习区分哪种情况是危险的，哪种是无害的；惊慌失措的妻子反复询问丈夫是否真的没事，却不去学习如何让自己冷静下来。这两种人最终都会超过正常的恐惧程度，因为他们无法确定自己什么时候真的没事。

寻求安慰是可以理解的，因为它在很短的时间内给你带来了无须应对任何担忧压力的解脱。这是一个快速的解决方法，但会让人越来越依赖安慰，从而无法面对和解决挑战。你已经看到它是如何形成一个恶性循环的了。

更糟糕的是，朋友、家人和专业人士可能会对反复安慰的要求感到厌倦，从而与求助人关系紧张，这当然会导致更大的压力。记住，持续的压力和焦虑问题可以超越个人范畴：它不仅仅是我们自己的问题。我们的人际关系或周边环境经常影响我们恐惧和担忧的程度，所以我们还需要关注一下我们可能会掉进的社会持续性陷阱。

社会持续性循环：无益的环境

压力和焦虑相关的问题可以由环境或其他人引发（或维持）。这并不是说，因为有其他事情或其他人牵涉其中，我们对此就无能为力了。我们可以做很多事情来改变我们的环境和我们与他人的关系，但首先我们必须理解他们所扮演的角色。

应激情境

压力和担忧会因为各种情境而变得更糟。一些常见情境包括：

- 艰难的工作环境（尤其是在你感到无聊或被霸凌、被批评的地方）
- 持续的家庭困难——有问题的家庭关系，对家庭成员的担忧
- 持续的社交困难——孤独，不和朋友相处，或担心朋友
- 长期失业
- 财务压力
- 久治不愈的健康问题

这些听起来耳熟吗？

这些情境确实会使生活变得困难，而且意识到它们也是很重要的——

如果你的压力或焦虑背后有外部原因，你需要了解它们，否则你将面临以下风险：

- 把遇到的困难完全归咎于自己——这可能会降低你的自尊，让事情变得更糟。
- 错失了控制痛苦的机会，看不到自己有力量改变的事物。

显然，改变困境可以改善情况，但我们都知道这并非总是可能的，因此我们需要建立一系列压力和焦虑管理技能，以便应对外在压力，并将之降到最低。幸运的是，本书会向你展示当事情变得棘手时可以发挥作用的一系列“工具”。

造成压力的人际关系

显然，工作和家庭中的慢性压力会不断加剧焦虑，但人们可以以其他方式进入这种持续性循环，你需要考虑你的人际关系是否给你带来了压力。有时，紧张的关系是很明显的，有一个挑剔或欺负人的伴侣或老板就是一个例子。但是，压力的诱因有时是非常隐晦的，关键人物的动机往往是善意的，所以我们从未想过这段关系会给我们带来压力。其实正是后者真正削弱了我们的应对能力，因为它往往会被忽视。

拉尔夫有健康方面的担忧，而且信心不足，因为有爱心的妻子总是回应他对于健康问题的安慰请求。她用令人安心的话语宽慰他，短期内他感觉好多了。但从长远来看，他越来越依赖于她的安慰，从来没有学会自我否定这种没有根据的健康焦虑。

维奥莱特有广场恐惧症：她害怕离开家。她很幸运，拥有一个好心的朋友，每隔几天就会体贴地给她买一些东西送上门。这意味着她可以待在家里，反过来也意味着她从来没有克服过出门的恐惧。

在这两个例子中，妻子和朋友无意中助长了这些问题的持续时间。他们的动机很好，但结果却毫无帮助。在你的朋友或家人当中，有没有人也以这种实际上让你的自信受挫的方式在帮助你？

了解循环

综上所述，一旦应激反应被触发，它就可以通过一个由身体、心理、行为或社会因素抑或多种因素混合而成的循环来维持。你需要反思所有这些方面，才能理解是什么让你的问题持续。你克服焦虑的基础是了解其产生和持续的原因。这就是为什么我们花这么多时间讨论持续性循环。如果你能认识到维持你担忧、恐惧和焦虑的循环，你就可以开始思考打破它们的最佳个性化方案。本书的第二部分介绍了实现这一目标的实用方法，但第一部分的其余内容将更多地致力于帮助你了解不同类型的问题是如何发展的。

为什么是我

我在诊所里最常被问到的问题可能是："为什么我会有这些障碍？"你可能也问过同样的问题。要相信这些障碍的存在是可以理解的，仅仅知道这一点就可以让你减轻一些痛苦。但是，如果你预先了解了自己的弱点，就可以开始为自己做"压力防御"了。这对长期控制焦虑是至关重要的，所以接下来我们需要讨论的是产生障碍的可能根源。

小结

- 对问题的担忧、恐惧和焦虑在无益的循环中持续着。
- 我们的感觉、思维、行为方式和所处环境都可以导致这种循环。
- 你需要知道你的问题循环是什么样子的，然后可以计划控制它们，从而打破无益循环的模式。

第3章

为什么是我

我一直是个多愁善感的人。我的母亲会提醒我注意病菌的危害，我们只有保持干干净净才能走进她的厨房。祖父总是预言事物的暗淡前景，让我们非常害怕。现在我和他们一样了！我总是看到并担心最坏的情况，我和母亲一样有严重的洁癖。我还有一份压力很大的工作，这可不妙。我会限制自己做事情，因为我总是闲愁万种。这也意味着我没有太多的社交生活，这经常让我沮丧。

担忧、恐惧和焦虑对我们的影响各不相同：我们中的一些人对它们非常敏感，另一些人则显得更加坚强。任何受焦虑相关问题困扰的人都会问："为什么是我?"这是一个很重要的问题，其答案将帮助你更好地理解自己的障碍，让你在面对恐惧时处于一个更有利的位置。理解"为什么是我"可以让你正确地看待问题，并告诉你在生活方式、人生观和心态的哪些方面需要做出改变。对担忧、恐惧和焦虑的预防和管理方法因人而异，在某种程度上，取决于你对生活中可能使你出现这些问题的各个方面（即风险因素）的了解。

一般来说，焦虑相关问题的风险因素与以下几点有关。

- 人格类型、基因和家庭
- 环境、生活压力和社会支持
- 心理应对方式

人格类型、基因和家庭

我一直是个多愁善感的人。

有些人的性格或人格似乎使他们更容易担心或焦虑，尽管人格类型的重要性仍存在很大的争议，但许多研究人员都认同某些性格似乎与焦虑倾向有关。早在20世纪60年代初，心脏病学家就发现了一种“A型”人格，这种人格似乎血压更高，更容易有压力问题。“A型”人格都力争上游，往往会忽视压力症状。大约在同一时间，“神经症患者”一词被用来描述那些容易触发应激反应但恢复速度慢的人。这群人很容易产生焦虑。

然而，成为一种特殊的“人格类型”并不意味着你注定会焦虑。一项很有潜力的发现表明，“A型”人格者有能力改变他们的行为和观点，可以通过变得更冷静而从中受益。他们可以学习减少竞争欲望，增加对压力的觉察能力和放松的能力。这样，他们的压力就会减轻，任何相关的健康问题也都会减少。

也许更令人充满信心的是认知行为疗法（CBT）对焦虑问题的跟踪记录：一项又一项研究表明，CBT可以帮助焦虑的人学会控制他们的焦虑。所以，即使你觉得自己是“担心型人格”或者“一直都是多愁善感的人”，你也可以期待自己能够改变人生观和自我认知方式。

长期以来，我们的基因也是焦虑问题的“常见嫌疑人”之一。我们知道，我们基因中的早期恐惧保护着我们。我们生来就有某些“恐惧症”，害怕陌生人、高处、蛇形物体、新奇事物、蠕动的爬虫，在童年的某个时期还会害怕分离。从进化的角度来看，这好极了，因为婴儿在遇到陌生人或悬崖时的退缩，或者发现有蛇或狼蛛靠近时发出让成年人警觉的大声哭喊，都会让他们生存下来。随着时间的推移，在成年人的鼓励下，孩子们学会了不对这些诱因做出过度反应。然而，一些人会把这些恐惧带进成年期，这就是为什么我们并不总能确定恐惧的诱因——可能从来就没有什么诱因，只是我们没有忘记恐惧罢了。所有这些都表明，恐惧可以被编码在我们的基因中，而且有可能在家族中遗传。

可以肯定的是，研究已经表明焦虑症可以在家族中遗传，尽管人们很难知道这究竟是纯粹的基因影响，还是家庭成员观察彼此的行为并听取彼此警告的结果。

我的母亲会提醒我注意病菌的危害，我们只有保持干干净净才能走进她的厨房。祖父总是预言事物的暗淡前景，让我们非常害怕。

一位惊惧的母亲很可能会将自己对健康的担忧传递给她年幼的女儿；一位过于担心的父亲不断警告说狗会咬人，这可能会让他的儿子害怕狗——所以恐惧并不总是天生的。同样，这是一个好消息，因为就算家族中存在较明显的焦虑倾向，我们也有可能克服这种（甚至是长期存在的）恐惧或担忧。即使你在一个讲法语的家庭长大，只学会了用法语交流，如果需要，你仍然可以学会另一种语言，同样，你也可以学会对恐惧事物和情境做出新的反应。

环境、生活压力和社会支持

我还有一份压力很大的工作，这可不妙。

自20世纪70年代以来我们就知道，环境会影响我们的情绪状态，创伤、压力、人际关系困难也都在焦虑和抑郁发作中起作用。“损失事件”（例如一段关系的结束或者失业）往往与抑郁症的发作有关，只有看到希望，抑郁症才会好转；“威胁事件”（如疾病的诊断或考试的临近）与焦虑障碍的开始有关；“安全事件”则关系到焦虑症和抑郁症的康复。例如，学生在考试前和考试中（威胁事件）压力会更大，但当她听说自己通过考试（安全事件）的时候，压力会减少；或者一位母亲在等待孩子的 X 光检查结果（威胁事件）时焦虑会加剧，但当她得知孩子只是轻微骨折（安全事件）时，焦虑就会减轻。

重大事件可以是“非经常性的”（比如事故、失业），也可以是持续的压力（比如慢性身体疾病、长期的经济问题或对裁员的恐惧）。不一定非得是令人不愉快的事件才会造成压力：对任何变化的适应都会导致压力。这意味着结婚、搬家或生孩子这样往往令人愉快的事情也可能像人身伤害和失业等糟糕的事情一样让人感到压力。所以，当你评估个人压力相关问题的风险时，你还需要考虑积极和消极的事件。你还需要记住，生活压力的影响是积少成多的，你的压力越大，你就越有可能感到紧张和焦虑。遗憾的是，生活中的事件往往是互相关联的（例如，搬家很可能与婚姻有关，裁员和金融危机有关），这意味着生活本身就容易出现问题。

即使是过去的生活事件也有影响。童年经历的危险和不安全感往往使我们高估危险，低估我们的应对能力。我们的早年威胁似乎使我们一直处于“一级警戒”状态。对大脑发育的研究实际表明，焦躁不安和遭受过创伤的孩子的“恐惧网络”比其他孩子更发达，而且这些孩子长大后往往对威胁更敏感。他们具有威胁性的过去使其更有效地应对感知到的危险——从进化的角度来看，这是可以理解的。但是，正如我们已经了解到的，过犹不及，有时这种敏感性会过高并引发问题。因此，如果你拥有一个被苛待的童年，你现在可能更容易感受到压力，但请记住，这不是在审判你的生活：我们的恐惧和焦虑往往是有模式的，你可以对此加以控制。

理解生活事件和生活压力对你自身障碍的影响是有帮助的，因为这可以让你正确地认识这些障碍：

- 乔纳森在他女儿婚礼后惊恐发作了，但并没有像他自己担心的那样“失去理智”。考虑到筹备婚礼和“失去”女儿带来的压力，这次发作是可以理解的。
- 当贾思敏知道她的丈夫可能有轻微的心绞痛时，她极度担心。这种明显的过度反应也是可以理解的，因为她的父母在她小时候都死于冠状动脉疾病。

研究压力事件影响的研究人员还发现了所谓的“保护性因素”，即社会支持。很明显，我们的朋友越多，尤其是那些可以倾诉的朋友越多，我们受生活压力的影响就越小。很简单，我们面对情绪问题的脆弱程度会随着社会支持的增加而减少。这是一个好消息，因为我们很多人都可以做一些事情来改善我们的社会关系。

社会支持可以有多种形式：亲密而坦诚的关系，相对普通的友谊或广泛的支持性关系，如工作伙伴、托儿所里其他小朋友的母亲，等等。所有这些都有助于我们抵抗压力，但能使双方推心置腹的关系是最有用的。交谈确实有帮助。我们得到的社会支持越多，我们受到的保护就越多，所以当我们面临重大的生活事件和生活危机时，向朋友求助就尤其重要。理想情况下，我们都应该有几个亲密的朋友和一些不那么亲密的朋友，尽管这不容易办到。但是你要记住，一个交心的朋友可以在压力面前保护你。

对于焦虑的人来说，积极参加社交活动或仅仅维持一段友谊都是巨大的挑战，尤其是当其问题还包括害羞和社交恐惧时。尽管如此，如果你处于社交孤立状态，那你就有必要开始考虑如何改善自己的社会支持。如果你害羞而且有社交焦虑，这本书里有一些策略可以帮助你。学会它们之后，你会更加自信地迎接挑战，而且研究表明这是值得的。

心理应对方式

我总是看到并担心最坏的情况……我会限制自己做事情……这经常让

我沮丧。

“为什么是我?”三部曲的最后一部分讲述的是我们的思维，以及应对压力和挑战的方式。早些时候，我们提及了会导致担忧、恐惧和焦虑的思维偏误，比如灾难化、妄下结论和忽视积极面。需要注意的是，我们的思维还会以其他方式影响我们的人生观。

30 多年以来，研究表明，我们当前的情绪状态会影响我们看待事物的方式，还会过滤我们的记忆。如果我很自信，心情很好，那么我就会看到“杯子是半满的”，并且会很乐观地迎接挑战。此外，当我回忆过去的经历时，我更容易想起那些快乐的事情，我的记忆也会更积极。这一切都很好，但如果我感到沮丧或焦虑，那么“杯子”看起来就会是“半空”的，我就会更容易想起那些不快乐或令人恐惧的记忆。因此，我不仅会感到相当绝望，而且会觉得人生好像一直都是这样。这种现象已经被研究证实了，而且你自己可能也经历过——这很正常。如果我们中的任何一个人在任何一段时间内情绪低落，消极的人生观便会占据上风，然后助长我们在第 2 章谈到的偏误思维，这也是正常的。向你介绍这种特殊的心理因素并不是意在吓唬你，而是为了帮助你理解为什么我们会如此难以摆脱消极的想法。如果你在痛苦中挣扎，这并不代表你懦弱或愚蠢，所以不要对自己太苛刻。好消息是，我们仍然可以使用焦虑管理策略来打破这种模式，但我们必须承认这是一项艰巨的任务。

回到一些不同的、让人安心的研究上——研究表明，大多数普通人对于心理问题都有很好的应对策略，我们在这方面似乎颇具判断力。所以你可能已经找到了一些很好的应对方法，现在，你可以在这些方法的基础上改进它们。最常见的应对方法有：

- 试着保持忙碌或采取其他分散注意力的方法
- 直面担忧，试着解决问题

最不受欢迎的方法是摄入药物和酒精。这是一个好消息。

参加活动、分散注意力、直面恐惧和解决问题都是有所帮助的，然而老生常谈，要注意过犹不及：分散太多注意力会让我们陷入回避的陷阱；如果没有适当的准备而过于积极地面对恐惧，我们会发现自己并没有足够的能力来应对。当然，过度使用药物或酒精（或安慰性进食）不仅会成为一种回避手段，还会给我们的身体健康带来风险。

所以你需要重新审视自己的应对方式，找出其中对你不利的地方，而不是只关注有利的一面。你可能会发现，其实你做的事情基本上没有问题，但你只是太过于依赖它们，或是在没有充分计划的情况下使用了它们。这很好，因为这意味着你拥有自然生成的应对基础，你可以在此基础上进行调整、适应，使之更有效。通常来说，如果我们以自己喜欢和擅长的事物为基础，就很有可能学会新技能。就我个人而言，我不喜欢也不擅长运动——我担心会让我的团队失望（是的，我知道我应该努力克服这一点！）我完全接不到球，不喜欢记规则，天生就没有好胜心。所以当我到了生命中再无法逃避锻炼的阶段时，我不得不努力思考自己能做什么。我确实尝试过壁球，但大部分时间我都在捡球，这让我的搭档很沮丧；我试过现代舞，但我真的疲于记住那些舞步和顺序；我尝试过攀岩，但我一塌糊涂的空间辨认能力使其变得非常危险。所以，我没有学会新的技能，我必须要从自己擅长什么、喜欢做什么的角度来重新考虑一下这个情况。我更喜欢在想锻炼的时候锻炼，而不是被绑在健身房里，我喜欢散步，喜欢得到奖励。所以我开始慢跑（尽管是真的很慢），并且跑完后会给自己一个奖励——一份周日报纸、一杯风味特别的外卖咖啡、一张 DVD，这样我就可以坚持下去。我也暂停过几次，但 20 年过去了，我仍在进行这种锻炼，因为它符合我的喜好，也在我的能力范围内。现在它已经成了我生活方式的一部分。我告诉你这些是因为，你需要以类似的方式对自己的焦虑管理方法进行个性化处理，使其成为你生活方式的一部分。

在你阅读这本书的过程中，你会发现很多抑制你过度使用的应对策略的想法，以及在你所掌握的技能中加入其他对你来说很有吸引力的有用策略的想法。

总结

我们在焦虑相关问题上的脆弱表现往往是多种因素综合作用的结果，而不仅仅是单一因素造成的。例如：

- 佐伊的家庭充斥着担忧和压抑。当她处于极度的压力之下，没有一个好朋友可以倾诉时，她患上了强迫症。在其他情况下，佐伊可能永远都不会患上强迫症，但不幸的是，她的生活规律和所处环境共同造成了她的这种障碍。
- 亚当出了一场小车祸。他的女友惊讶于他竟因此得了驾驶恐惧症。她不理解的是，亚当办理了人生中第一笔抵押贷款，本就承受着巨大的压力，而且他的母亲在他小时候曾疯狂给他灌输驾驶危险的想法。过往经历、持续的压力和这次事故造成的创伤结合在一起，足以削弱他的信心，引发恐惧症。

也许现在你已经能够回答这个问题了：“为什么是我？”思考一下这个问题很是值得，因为这个问题的答案会帮助你找到一个全新的视角，让你能够理解自己遭遇的障碍。如果你能理解这些障碍，你就会减少自我批评，也会更容易明白为了克服这些障碍需要做出哪些改变。图 3-1 展示了需要考虑的一些因素，你也可以阅读接下来的弗兰克和简的故事，它可以让你对这些因素有所了解。如果你有一到两种障碍，那么你可以简单地针对每种障碍都进行这种练习，就像下面示例中简所做的那样。

你可以通过观察自己的个人风险因素和社会或环境风险因素来了解问题最初是如何产生的。然后看看你的应对方式和持续性压力，想想为什么你的问题没有得到解决。你会看到自己当前的障碍是如何产生的，并理解为什么它们如此难以摆脱。

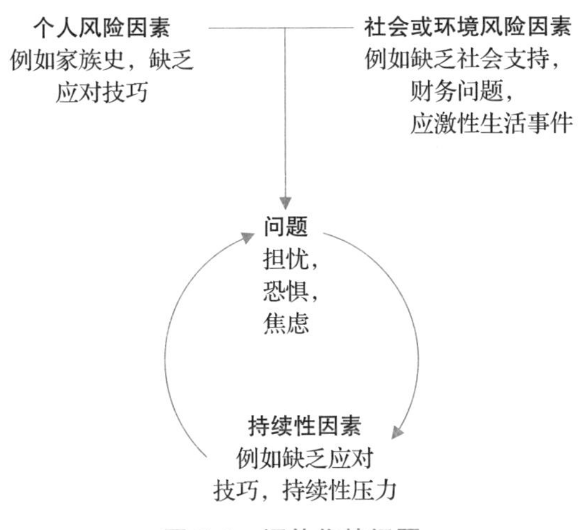

图 3-1　评估你的问题

弗兰克的故事

弗兰克认为自己是个“相当可靠的家伙”，一个直截了当的人。其他人经常向他寻求实际的帮助。他的父亲和祖父总是说：“别沮丧，振作起来！”他也曾自豪自己像他们一样。现在，他觉得自己像个废人，不知道该怎么办——他觉得他让自己和周围的人都失望了。退休后，他感到有点“空虚”，他意识到，自从孩子们离开家以后，工作已经填补了他生活中相当大的空白，他很想念自己的同事们。他还发现，他和妻子黛安相处得也不尽如人意：现在他通常都待在家里，但黛安有自己的家务要做，而他似乎成了她的阻碍。他也担心自己的健康问题。他的全科医生非常认真地对待这件事，给他做了一系列检查，幸运的是，一切都很好——但弗兰克内心不这么想。当他预感自己有可能患上癌症以后，他很震惊，对自己的看法也从“健康”变成了“脆弱”。他开始留意疾病的迹象，检查自己皮肤上的痣和肿块，注意排便，怀疑头痛是否是因为得了脑瘤。他非常担心自己的健康，甚至感到恐慌——这对弗兰克来说还是第一次。他开始向妻子寻求帮助，她总是安慰他没有什么好担心的。他短时间内会感觉良好，但很快就又开始担忧。于是，弗兰克决定审视一下自己的情况，试图弄清楚到底发生了什么。他意识到以下内容：

个人风险因素：

- 成长于一个不擅于表达担忧的家庭，因此没有学会如何应对
- 已经 65 岁了，可能更容易患上严重的疾病

社会或环境风险因素：

- 在适应退休生活——失去目标以及与妻子之间的摩擦
- 突然失去了工作中的朋友和同事

持续性因素：

- 和黛安之间的持续性压力
- 黛安对他健康状况的宽慰
- 对自己的苛刻态度，以及让自己（和别人）失望的感觉
- 持续缺乏目标和社会联系
- 通过做检查和寻求安慰，而不是冷静下来，弄清楚情况
- 有时间担忧——没有可以分散注意力的愉快事情可做

当弗兰克花时间站在旁观者的角度去回顾这些时，他能够针对自己的情况提出新的看法，一个富有同情心和理解力的看法。

“我能理解为什么我感到如此痛苦，实际上我经历了很多。退休带来的压力比我预想的要大。我没有想到，失去了工作岗位以后，我会如此想念跟工作相关的那些人，或者会感到如此失落。我还以为黛安和我在一起会非常活跃，我没有想到她已经有了自己的生活方式。我真希望我们事先就谈论过这件事，但那从来都不是我的风格。我的风格就是无视烦恼，继续生活。多么讽刺，我现在不能无视我的担忧了！我可以理解为什么在我这

个年纪会担心自己的健康，但我觉得这种担忧已经超出正常范畴了，因为我要面对的事情太多了。我要适应退休生活，黛安和我仍然会争吵。我太频繁地向她寻求安慰了，从长远来看，这对我来说并没有帮助。”

实际上，弗兰克甚至更进一步地考虑了他现在会采取的不同做法：“从现在开始，我会去思考、谈论自己的这些问题，这样我就能做好准备，学会更好地处理问题。但我会保持分寸，不再依赖黛安来宽慰我——我需要自己去解决，给自己创建一个新的‘退休生活’，这样我就不会太纠结于各种琐事，会有更多的朋友，也就不会惹黛安生气了。我会做一些我一直想做的事——学习意大利语和爵士乐。我甚至可能会开始每天散步，这样我才能同时照顾好自己的身体和心理。”

简的故事

简的担忧和恐惧可以追溯至她的童年时期，但她很难确定这些担忧和恐惧具体是从什么时候开始的。她小时候就像她母亲一样害羞，总是害怕，特别忸怩。在学校里，她尽量不引起别人的注意，这样她就不用在课堂上发言了。她也从不主动参加学校的演出或社团。有时候，其他孩子会因此取笑她，但谢天谢地，她从来没有被霸凌过。她的父亲也会嘲笑她，还会捉弄她。这让她觉得自己这么胆小是很愚蠢的，但她认为父亲只是想帮助她，让她坚强起来。有一次，父亲轻轻地拍了拍简的肩膀，当她转过身来的时候，他戴着小丑面具，大叫道：“嘿！”她瞬间就变得歇斯底里，对小丑产生了非常强烈的恐惧。相比之下，她的母亲很保护她：如果去某个地方让她很紧张，母亲就会陪她一起；如果她害怕做一些事情，母亲就会帮她做；如果报纸或杂志上有小丑的照片，母亲就会悄悄地处理掉，不让她看见。现在，作为一个成年人，简过着非常安静的生活，逃避所有让她害怕的事情，仍然会向母亲寻求支持。她拒绝社交邀请，看医生的时候需要母亲的陪同。她在工作中保持低调，以免被人注意到（这限制了她的职业发展机会）。她坚决不去任何可能看到小丑脸的地方。她很孤独，感觉自己受到了限制，但一想到自己被嘲笑，或者不得不去面对小丑形象的场景，她就感到畏惧，所以她接受了自己的命运——直到一个同事坚持要和她做朋友，帮助她了解自己的困难是如何产生的。他们一起找到了两个主要问题：

1. 社交焦虑

个人风险因素：

- 有一个害羞的母亲，还有一个喜欢捉弄她，让她感到尴尬的父亲
- 避免任何挑战性的社交情境

社会或环境风险因素：

- 有一个给予她过度帮助的母亲，以至于她从来没有面对过自己的恐惧
- 朋友很少，也不参加活动来建立自信

持续性因素：

- 母亲的过度支持
- 避开社交场合是她唯一的应对策略
- 没有社交生活：孤独削弱了她的自信

2. 小丑恐惧症

个人风险因素：

- 一个戴着小丑面具吓唬她的父亲
- 回避型应对方式：回避任何可能看到小丑的地方

社会或环境风险因素：

- 有一个给予她过度帮助的母亲，以至于她从来没有面对过自己的恐惧

持续性因素：

- 母亲过度的支持
- 避开小丑是她唯一的应对策略

这个练习真的让简大开眼界：她明白了自己并不是生来就胆小怕事；其他事情在一定程度上增加了她的焦虑，而造成恐惧的主要原因就是逃避。“我可能有一些遗传的先天因素，因为我妈妈也很容易紧张，但是我的小丑恐惧症是后来才有的——这并不是天生的，而是因为爸爸让我吓了一跳才出现的。我现在明白了，我一直以来都在逃避那些让我害怕的事情，但这只会让问题变得更糟，只会让我感到脆弱和孤独。”在朋友的帮助下，简制订了计划：“尽管会很艰难，但我要告诉妈妈不要帮助我太多，是时候让我自己来面对这些事情了——但肯定不是爸爸的那种方式，我不想这么快就吓到自己。”

每个人对担忧、恐惧和焦虑的体验都是不同的，你需要反思和理解它们对你个人的意义，这非常重要。通过这个练习，弗兰克和简都能够对他们自己的问题形成个人的理解，这是克服困难的一个重要起点。在这两个示例中，对“为什么是我？”这个问题的理解都引发了他们对心理问题进行控制的想法。

如果你在压力相关的问题上寻求帮助，你可能会发现自己的障碍被专业人士贴上了标签，或者被他们诊断了出来。这只是对情绪或心理问题的简单分类方式，而诊断结果（标签）通常能让专业人士想出最佳的协助方法。然而，诊断只是你克服焦虑所需要理解的部分内容，并不是每个人的问题都符合诊断标准，所以不要吝啬做弗兰克和简所做的练习。诊断可以帮助你说出“这就是我所患的疾病”这句话，但它不能回答“为什么是我？”这个问题。

在下一章里，我们将了解一些最常见的诊断结果，如果你的医生或其他专业人士使用了那些标签，你就会知道他们在说什么了。

小结

- 我们都想知道“为什么是我？”，这是一个很好的问题，因为它为我们提供了解释机会，也指出了我们的弱点。
- 我们每个人都会在不同方面变得脆弱：人们产生焦虑和压力问题的原因不是单一的。
- 塑造我们脆弱性的主要因素有：我们的性格、家族史、环境压力和我们自身的应对方式。
- 更多地了解自己的弱点可以帮助我们懂得如何在未来应对压力。

第4章

恐惧和焦虑：标签化

显然，恐惧和焦虑的体验是很个人化的，但专业人士已经认识到，有些恐惧和焦虑具有共同的特征，可以用特定的标签对它们进行分类。你可能已经知道其中的一些了：恐惧症、惊恐症、社交焦虑、疑病症、广泛性焦虑症（GAD）、强迫症（OCD）、创伤后应激障碍（PTSD）和职业倦怠（burn-out）。

恐惧症

恐惧是很常见的，但是当恐惧过度的时候，它就变成了“恐惧症”（phobia）。当恐惧引发逃避的时候，它也会成为一个问题，因为它会破坏我们的生活质量。在简的例子中你可以看到这一点——她的恐惧让她无法拥有社交生活，完全限制了她。虽然她最初并不害怕小丑，但她的大脑已经将小丑和恐惧的感觉关联在了一起，她学会了害怕。随着时间的推移，情况变得越来越糟。事实上，她的恐惧已经变得如此极端，以至于小丑的图片，甚至“小丑”这个词本身都会让她害怕，所以她会避开镇上某个地方，只是因为那里有一家餐厅曾经聘请过小丑来宣传儿童食品；她会为了躲开海报墙而横穿马路，因为担心自己看到马戏团的宣传；她也从来不会靠近百货商场的儿童区，甚至不去儿童区所在的楼层。简并不是个例，许多人发现他们恐惧症的范围会随着时间的推移而扩大，正如你想象的那样，它对生活的限制也会越来越大。

然而，并非所有强烈的恐惧都不恰当——有些是非常正常合理的：害怕被火烧伤，害怕看起来具有攻击性的狗，等等，这些恐惧对生存来说都至关重要。而且，一些强烈的恐惧并不会损害我们的生活质量，我们也不必为此烦恼。例如，对爬梯子的恐惧可能永远不会困扰一个不需要爬梯子的人，但同样的恐惧对于室外装饰人员来说却是个大麻烦。

一个常见的问题是："为什么这些恐惧不会消失？"其实，有些恐惧是会消失的。你已经知道，我们生来就有几种可以挽救自己性命的"恐惧症"。当你还是个婴儿的时候，你会害怕陌生人和蛇，还会恐高。我们中的许多人都会忘记这种恐惧，因为我们的父母等照顾我们的人会不断安慰我们，让我们建立信心。有些人仍然会有这些恐惧症，因为他们从来没有抛弃这些"先天"恐惧。如果我们重新开始面对恐惧，那么不论是"先天"恐惧症，还是后天恐惧症（比如简对小丑的恐惧）通常都会随着时间的推移而得到缓解。持续性的恐惧症往往与回避有关（这并不奇怪），通常是因为我们之前提到过的对风险的高估和对自身应对能力的低估。简高估了自己面临的风险，认为如果自己面对一个小丑，就会彻底崩溃，沦为笑柄，所以她选择回避也就不足为奇了。后来她知道，她其实可以面对小丑，保持冷静，于是她的逃避和恐惧就都结束了。逃避阻止了她检验恐惧的真实性，也妨碍了她学习能够给自己些许自信的应对技巧。

在前文中，我们谈到了焦虑时常见的偏误思维，其中的一种——审视，在恐惧症患者中相当常见。如果你害怕某些东西，额外留心是可以理解的，但如果过度的话，它反而会占据你的全部心神，你会更焦虑，甚至会犯错误，害怕起那些你本不害怕的东西，例如把地毯上的绒毛当成蜘蛛，把无害的电子蜂鸣声误认作黄蜂。

你可以在图 4-1 中看到恐惧症持续的常见方式。

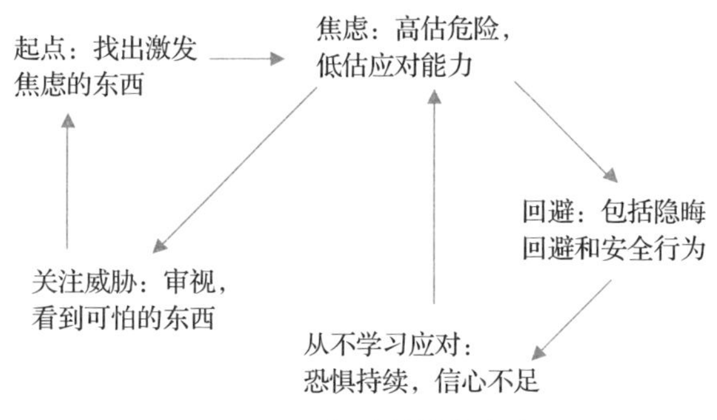

图 4-1　恐惧症持续的方式

尽管我们还没有讨论到应对策略（这些会在第三部分详细提到），但你可以从图表中看出，我们有可以打破这种模式的方法。例如，直面恐惧和建立信心会有所帮助，拒绝审视会在最大限度上减少恐惧的诱因。第三部分会向你介绍做到这些所需的技能。

恐惧症有很多不同的形式，最常见的有以下两种。

- 特定恐惧症：对特定物体或环境的恐惧
- 广场恐惧症：害怕远离安全场所

以下是人们对不同恐惧症的描述。在你阅读它们时，看看你的情况是否与之相符。到目前为止，你可能已经非常擅长识别持续性模式了，所以看看你是否也能找出让自己的恐惧持续下去的原因。

特定恐惧症

猫咪恐惧症

这听起来可能很傻，我的家人当然也这么认为，但我看到猫就会崩溃，即使只是一张猫的照片。这会让我反胃，心跳加速，我会想："我必须离开这里，我受不了了！"然后我就会跑开。

我自从三四岁开始就这样了，我当时看到两只猫在打架。它们浑身是血，然后有一只转过身来看着我。我吓坏了。我非常谨慎，不去任何可能遇到猫的地方。去拜访任何人之前，我都会先看看他们或他们的邻居是否养猫。我也不会去贺卡店里买贺卡——你能想到究竟有多少贺卡上有猫吗？我很庆幸自己是个男人，大家都送我船和火车图案的生日卡！虽然我现在好像在开玩笑，但这并不搞笑。如果我看到一只猫，或者我认为我看到了一只猫，这都真的会影响我的日常生活，我做任何事或去任何地方的想法都会受到限制。随着时间的推移，情况越来越糟，而不是越来越好。

呕吐恐惧症

每次参加完派对或者泡完夜店，我们都得乘坐出租车回家，因为我不能接受走路回家，我的丈夫对此已经开始感到厌倦了。到处都是喝得烂醉如泥的人，他们可能会呕吐，所以我不能冒这个险。如果我的丈夫坚持要我们走回家，我就会要求走后街，这样我们就不会遇到身体不适的人。此外，我不会去探望病人；如果有同事得了病毒性胃肠炎，我也不会去上班。如果我发现自己认识的人生病了，我就会担心好几天。

我从来就不喜欢生病这种事情，但发展成恐惧是几年前我在医院接受麻醉回来以后才开始的，我听到隔壁病床上的女人整夜都在呕吐。那太可怕了。我开始感到恶心，然后拼命地干呕，以至于最后我都以为自己要死了。那是我一生中最糟糕的夜晚之一，我让医院的工作人员给我另外找了一个小房间，就这样度过了在医院的剩余时间。每当想起那个时候，我依然感到恐慌，然后恶心。我不愿再去想它了，我当然也不想再去医院了。

特定恐惧症是指对特定物体或情境的恐惧，这可能是最容易描述和理解的恐惧症了：对黄蜂、高处、老鼠的恐惧，等等。有时它们也被称为“简单恐惧症”，但这并不意味着它们就不令人痛苦了——所谓的“简单恐惧症”可能会让人束手无策，你可以参考上面的例子。它们之所以被形容为“简单”，是因为它们仅限于可定义的物体或情境。在历史上，人们按照恐惧对象的名称对其进行了分类，这产生了一些很有趣的标签，例如：

- 蜜蜂恐惧症（apiphobia）
- 蜘蛛恐惧症（arachnophobia）
- 雷电恐惧症（brontophobia）
- 呕吐恐惧症（emetophobia）
- 血液恐惧症（haematophobia）
- 恐水症（hydrophobia）
- 恐蛇症（ophidophobia）
- 恐鸟症（ornithophobia）
- 动物恐惧症（zoophobia）

不要太在意为你的恐惧症找到一个合适的名字，标签远没有做到像弗兰克和简那样理解自己的恐惧来得重要。

有些特定恐惧症非常常见，大多数人在遇到黄蜂或蛇的时候都会紧张，听到呕吐声会畏缩，所以你可以理解某些回避行为。当然，这些都在恐惧症中被夸大了。有些恐惧是比较少见的——有些人会害怕纽扣、假牙或焗豆，这很难被理解，但总归存在一个解释，就像简害怕小丑一样。无论恐惧的来源是什么，你需要理解的就是它会触发强烈的焦虑反应，而且，你尤其需要去发现究竟是什么东西让你的恐惧持续。

值得一提的是，并非所有的恐惧都会引起肾上腺素的激增，让我们为战斗或逃跑做好准备——血液和注射恐惧症往往会让人感到虚弱和眩晕。

这是因为，当我们看到（或预期看到）血液时，我们的身体会做出特别的反应。在这种情况下，我们的血压会下降（而不是上升），然后引起头晕。我们只能推测为什么会发生这种情况，但一种流行的理论认为，它在进化方面是有意义的：如果我们的祖先看到了血，这可能意味着他们或他们的部落成员受伤了。血压较低的人受伤时失血会较少，因此，血压下降在这种情况下是有益的。

广场恐惧症

我已经六个月没出过家门了——自从我在超市里晕倒之后就再没出去过，当时我还以为自己要死了。一开始我确实去看了医生，但抵达医院的时候我几乎崩溃了。现在都是医生来我家给我看病。我在家里觉得很安全，不会产生可怕的感觉，但如果我知道会有陌生人来访，我甚至在家里都不能完全放松。如果报童来收报纸钱，或者燃气工来读燃气表数，我经常需要喝上一杯，才能让自己平静下来。而且有时候我会拒绝开门。

我出门前后总是有点紧张，渐渐地，我能独自去的地方越来越少，并越来越依赖喝一两杯葡萄酒来给自己壮胆。一年前，我还能去街角的商店，能绕过街区去看我妹妹，但现在我做不到了，即使喝过酒也不行。光是说到出门就让我浑身发抖，喘不过气来。我尽量不去想那些糟糕的感觉，一想到这些感觉，我就像出门一样难受。有时我怀疑自己是不是疯了。不过，我的妹妹很愿意帮忙，她几乎每天都帮我买东西，然后来看我。

许多人认为："广场恐惧症就是对开放空间的恐惧。"事实上，它比后者更微妙：广场恐惧症是一种害怕离开安全场所、安全基地的恐惧。这个安全基地可以是家，是一辆车，是医生的诊室，或是几个安全场所的组合。这种恐惧通常反映了一种预期，即某件可怕的事情会发生在自己身上——"我会崩溃的！""我会迷路的！""我会生病，而且不会有人来帮我！""我会失控的！""人们会盯着我看，觉得我很蠢。"最后这句话还反映了一种社交焦虑（稍后将会介绍）。它也提醒我们，尽管专业人士已经发明了诊断类别，但症状通常会有重叠，这是正常的。不算太常见的是，广场恐惧症患者会担心一些事情发生在所爱之人的身上——“我的孩子要生病了，但我打不通电话！”或者担心安全基地——“我不在家的时候会有人入室盗窃，或者房子会着火！”有时这种恐惧是很模糊的——“我只是预感会发生不好的事情，而且我无法应对。”

为什么这些恐惧不会轻易消失？死守在“安全场所”中是一种逃避，这意味着有广场恐惧症的人根本不会去学习如何应对。所以在上面的两个例子中，你可以看到，随着时间的推移，问题变得越来越严重。你还可以看到，酒精在这两个例子中都被用作一种微妙的回避形式——“壮胆”。

通常，广场恐惧症也与其他焦虑相关问题有关，例如：

- 社交焦虑：这适用于第一个例子中的简。她尽量待在家里或一个“安全基地”中，以免人们注意到她，因为她太害羞了。
- 创伤：遭受创伤后，有些人会留下非常痛苦或可怕的记忆。创伤幸存者可能会把自己限制在“安全的地方”，以免触发这些记忆。
- 惊恐发作：广场恐惧症最初可能是由惊恐发作引起的。这是一种常见的情况，害怕在公共场合惊恐发作可能会使广场恐惧症继续下去。它也是最常与广场恐惧症联系在一起的焦虑障碍，所以接下来我们会看看惊恐发作和惊恐症。

如果我有恐惧症该怎么办？我怎样才能打破这个循环？通过借鉴这本书中的指导方案，你可以根据需要量身设计出自己的“治疗计划”来打破这种循环。一旦你熟悉了各种策略，你的计划可能会类似如下内容（虽然每个人的计划都会略有不同）：

1. 找出让你害怕的无益想法和意象，这会让你明白为什么自己的恐惧是可以理解的。（第 7 章）

2. 盘点你的资源，特别是那些能够支持你的人。

3. 如果焦虑的身体症状对你来说成了阻碍，就去学习如何控制它们。接受一些挑战，这会让你建立信心。（第 8 章和第 9 章）

4. 学会忘掉那些让人担忧的想法，因为这同样会给你信心，让你自信能够应对。（第 10 章）

5. 学会重新思考和质疑那些让你害怕的想法和意象，要判断它们到底有多真实。当你能回顾甚至摒弃那些忧心忡忡的、被无限放大的想法时，你就能很好地面对自己的恐惧了。（第 11 章）

6. 学习停止审视和搜寻你害怕的东西，因为这只会增加你的焦虑。

7. 当你有一定的信心对抗恐惧时，制订一个分级计划来直面你的恐惧。面对恐惧是关键，但你要小心地调整自己的步伐，不要给自己过多压力。（第 12 章）

8. 敢于放弃无益的安全行为——同样地，要小心。安全行为可能在短期内对你有所帮助，但从长远来看，它们会拖你的后腿，让你的恐惧持续存在。

9. 继续直面恐惧，直到恢复信心。这种重复会树立你的信心，培养你的韧性。

10. 最后，制订计划来保持你的进步。（第 16 章）

惊恐症

你可能听说过“惊恐发作”这个词，它描述的是一种非常强烈的体验，大多数人都会觉得非常不愉快，甚至可怕。一般来说，患者在发作时会同时注意到情绪和身体上的以下症状：

- 情绪上的：害怕、恐惧或灾难即将发生的感觉
- 身体上的：呼吸困难，胸痛，视线模糊，头晕

我永远不会忘记自己第一次惊恐发作时的情景——我以为我要死了！

我当时在做一个压力很大的项目，那天喝了很多黑咖啡，几乎没有再喝别的东西。晚上，我必须得准时赶到我的朋友安娜家，但我快迟到了。当然，当时交通非常拥堵，我坐在出租车后座，发现自己越来越紧张，脑子变得又热又晕，几乎不能呼吸。不知怎么的，我付了司机车费，但在安娜的公寓里，我似乎完全失去了控制。我满头大汗，喘不过气来，胸口疼痛，视线模糊。由于耳鸣，我听不见安娜在说什么，但她立刻给医生打了电话，我们都以为我是心脏病发作了。医生说我惊恐发作了，可能是白天的压力造成的。这本该让我安心的——在一两天内确实如此，但后来我又发作了一次，再次对局面失去了"控制"。尽管我告诉自己："弗兰，冷静点！这不是心脏病，它不会伤害到你！"我现在太害怕这种经历了，我总是担心自己还会再发作一次，所以我会避开惊恐发作过的场所。

你可以想象，惊恐是很骇人的，它的发作速度也很快，这就是我们称之为"侵袭（attack）"的原因。在这种状态下，我们的呼吸通常非常快，甚至换气过度——你可能还记得，身体为战斗或逃跑做准备的方式之一就是快速呼吸，这样我们就会有充足的氧气供应。不幸的是，过度呼吸会产生令人痛苦的身体症状，比如：

- 头晕
- 皮下刺痛
- 肌肉疼痛
- 耳鸣
- 失真感（现实感丧失）

惊恐发作是如此的突然，以至于很多人将其描述为"凭空出现"。实际上，惊恐发作会有一个触发点，只是很难被察觉。引起惊恐发作的诱因有很多种，但最常见的可能有：

- 面对挑战，感觉自己无法应对（例如独自外出或看到小丑面具）

- 感到不适或疼痛，并认为情况很严重，可能是心脏病发作或中风

如果有人经历了反复的惊恐发作，那么我们就说他有“惊恐症”（panic disorder）。惊恐症可能会单独发作，也可能伴随其他焦虑问题发作，如广场恐惧症（见上文）。

为什么惊恐不会轻易消失？其实是我们的老对手“回避”发挥了它的作用。在上面的例子中，你可以看到，弗兰不再去她认为自己可能会惊恐发作的地方，所以她从来没有建立起控制惊恐的技能或应对的自信。因此，她的焦虑程度一直很高，这就又增加了她惊恐发作的风险。恐慌还常常因为某种特定的偏误思维而加剧，即对“灾难化”的倾向性，或直接得出可怕的结论：“我应付不了！”“我要死了！”

这会增加焦虑，使惊恐持续下去，如果我们误认为所有生理症状都很危险的话，它们就只会加剧惊恐发作。这样就形成了一个非常恶性的循环——回避只会使事情变得更糟，如图 4-2 所示。

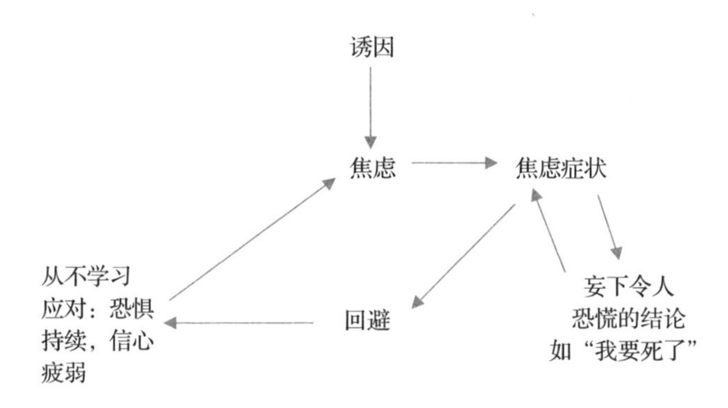

图 4-2 惊恐持续的方式

如果我有惊恐症该怎么办？我怎样才能打破这个循环？通过借鉴这本书中的指导方案，你可以根据需要量身设计出自己的“治疗计划”来打破这种循环。一旦你熟悉了各种策略，你的计划可能会类似如下内容（虽然每个人的计划都会略有不同）：

1. 确定你惊恐时脑海里在想什么，留意那些能解释你惊恐的想法或意象。（第 7 章）

2. 盘点你的资源，特别是那些能够支持你的人。

3. 学会控制惊恐的生理症状，特别是在发作期间如何呼吸。简单地学习如何对抗过度换气，就可以让你开始获得自信，如果你也能抵抗惊恐带来的其他身体上的紧张，你就会感觉到更能控制自己。（第 8 章和第 9 章）

4. 学习一些技巧以便你“切断”或无暇顾及那些让人担忧的想法和意象，这有助于阻止惊恐升级，尤其是当你能停止将那些想法和意象灾难化时。（第 10 章）

5. 也要学会回顾和质疑自己的问题想法和意象，看看它们是不是真的。这样，当你感觉惊恐即将发作时，甚至在发作期间，你的脑海中就会浮现出更多可以让你冷静下来的想法。你自己就可以做到让自己安心。（第 11 章）

6. 尽量不要审视自己的身体来寻找惊恐的迹象，并尽快放弃任何其他无益的安全行为（你可以按计划分级进行）。从长远来看，这些行为只会拖你的后腿。

7. 当你更自信的时候，去做一些你害怕会引发惊恐发作的事情，或者让自己置身于这样的情境下，这样你就可以巩固信心——但是一定要谨慎。（第 12 章）

8. 继续控制你的恐慌情绪，让自己处于具有挑战性的情境下，直到信心恢复。这种重复会树立你的信心，培养你的韧性。

9. 最后，制订计划来保持你的进步。（第 16 章）

社交焦虑（社交恐惧症）

社交焦虑（social anxiety）最温和的表现形式就是害羞，但当它变得更严重时，它就变成了我们所说的社交恐惧症。它可以是“广泛”的，意思是当周围或许有人的时候，我们在很多情境下会变得极度焦虑；它也可以是“特定”的，只适用于特定的场合，比如公开演讲或外出就餐。

聚会规模越大，情况就越糟。自从有一次我在学校演出时忘了台词，所有人都笑起来以后，我就特别害怕公共演讲。我知道这听起来很荒唐——我当时是一个八岁小女孩，而我现在是一名教师。但我仍然像小时候一样感到害怕。我的手心会出汗，喉咙会发紧，脑子里经常一片空白，或者整个人都被担忧所淹没。我担心自己出洋相，或者观众会认为我很蠢。在条件允许的情况下，我会教小班，而不是大班；我知道这不应该，但我偶尔会服用镇静剂来度过家长会。遗憾的是，我无法演示学术论文，我的事业也受到了影响，这让我非常紧张。我在聚会上表现还行，因为我可以融入人群，但我不会去玩派对游戏，因为如果有人看我，我会感到脆弱和害怕。

我曾经很外向，认为自己很自信。但第一次怀孕改变了一切。我的体重增加了很多，远超过正常范畴，但我那时候并不介意，因为我很高兴有了孩子，还认为生完孩子后多出来的体重就会消失。在怀孕后期，我没有太多的社交活动，部分原因是我太胖了，没有精力和兴趣出去。那段时间我确实去参加了一个家庭婚礼，我记得我发现自己很难融入大家，和别人聊天，但我觉得那是因为我累了。

女儿出生后，我体重超标，轻度抑郁，也很累。我对自己不再有信心，在孩子的洗礼上我度过了最不愉快的时光。我当时已经有点不自在了，然后无意中听到有人说："斯特拉怎么了？她以前多么活泼迷人啊。"这粉碎了我之前所剩无几的信心，我好几个星期都没有出门。我是如此痛苦，以至于根本无法减轻体重，这让我在与别人见面时感觉更糟糕了。现在我的女儿五岁了，我仍然超重，而且除非喝酒壮胆或让最好的朋友陪着我，否则我仍然不敢去任何有人的地方。我确实会参加女儿学校的活动，但其实我挺害怕的，一旦我到了活动现场，我会坐在人群后面，一个人待着。如果可以的话，我会说服丈夫代替我去。

如果你有社交恐惧症，你很可能是位"算命先生"和"读心大师"，总是预测最坏的情况，而且假设别人对你的看法都不好（当然，现在我也在施展读心术）。斯特拉就有这样的问题。她很肯定，如果人们注意到她，就会认为她很奇怪，很可能还认为她很愚蠢，会在背后嘲笑她。这使她感到非常不安和害怕。

如果你有社交恐惧症，你可能也会注意到自己变得非常局促不安，可能会发现很难不关注自己。你可能会高度注意自己的感觉和行为——正是在这种状态下，人们经常会“感觉”自己好像在脸红或发抖，而这当然会让事情变得更糟。感觉到了某件事，就假设它是真的，这在社交焦虑中很常见。斯特拉感觉人们在看她，所以她相信他们就是在看她，这使她更加不自在；她“感觉”自己脸红了，所以她相信自己的脸正变得通红，这让事情变得更糟糕了。社交焦虑的另一种常见特征是自我批评。斯特拉发现自己会说这样的话：“别这么蠢！”“你真是个白痴！”这让她更加难为情和紧张了。

为什么社交焦虑不会轻易消失？现在你知道，其首要原因就是回避。就像斯特拉一样，社交焦虑的人会为了保持良好状态而试图远离有被监视感的环境。这削弱了他们的自信心，让他们越来越难以应对社交挑战。其次，他们会自我批评，乱用读心术，以及妄下消极结论，还会假设某事是真实的，仅仅是因为自己可以感受到它。最后，社交焦虑导致的强烈的自我意识和自我关注，意味着很难“置身事外”，冷静思考。所有这些心理反应都会使焦虑的人更加紧张，更没有社交安全感。

如果我有社交恐惧症该怎么办？我怎样才能打破这个循环？通过借鉴这本书中的指导方案，你可以根据需要量身设计出自己的“治疗计划”来打破这种循环。一旦你熟悉了各种策略，你的计划可能会类似如下内容（虽然每个人的计划都会略有不同）：

1. 通过捕捉你在社交焦虑时脑海中闪过的想法或意象来了解你的社交恐惧。有时这些想法或画面会按预期出现，有时是在社交活动中出现。试

着捕捉两种情境下的想法和意象。（第 7 章）

2. 盘点你的资源，特别是那些能够支持你的人。

3. 痛苦的自我意识是社交焦虑的一个典型特征，它只会让事情变得更糟，所以试着把你的注意力从自己身上挪开，以减少对自身以及对不舒服感受的觉察。（第 10 章）

4. 学会让自己的身体平静下来，这将帮助你更好地控制那些可能会让你担忧和尴尬的身体症状。（第 8 章和第 9 章）

5. 回顾一下那些可怕的想法和意象，看看你是否能改变自己的看法，让它们不那么吓人。看看你是否能想出令自己安心的替代方案，来替代社交焦虑思维。（第 11 章）

6. 要对自己有同情心，不要仅仅因为感觉到或想到什么，就假设它一定是真的；你可能非常确定你在脸红或发抖，而且人们可以看到，但这些反应通常并不明显。

7. 学会决断，因为这会增加你的社交信心。（第 14 章）

8. 一旦你能使自己的身心平静下来，你会感到更加自信。是时候去承担越来越困难的社交任务了，但要切合实际地调整自己的步伐。（第 12 章）

9. 不断地让自己置身于具有挑战性的社交场合，直到你恢复信心为止。这种重复会树立你的信心，培养你的韧性。

10. 最后，制订计划来保持你的进步。（第 16 章）

疑病症

健康焦虑，就像它的正式名称“疑病症”（hypochondriasis）一样，具体描述的是对患有疾病的焦虑，患者通常对正常的身体感觉额外敏感，继而将之灾难化。关注我们的健康固然是一件好事，但健康焦虑代表的是过度关注。

我一直很清楚自己的健康状况，但我从来没有真正担心过，直到一年前，我听到了一个可怕的故事：一个年轻的母亲突然死于白血病，留下了三个小孩。我有三个孩子，所以这个故事引起了我的强烈共鸣。从那天起，我开始检查自己身上是否有肿胀和淤青。不久，我就开始每天做三次全身检查，每隔几天就去看一次医生。医生不停地宽慰我说没什么好担心的，说我可能是因为太用力戳自己的身体而造成了一些小淤青。短时间内我会感觉还可以，但很快就又开始怀疑，我的恐惧变得越来越严重了。

现在，我还让我的丈夫每天早晚检查我的身体，这样我就能确信自己没有错过任何东西。他对此已经受够了，我们经常吵架，这只会让我感觉更糟。最近，我的医生告诉我，他不想几乎每天都在诊疗室看到我，但是我发现不去医院对我来说太难了。有时我会装作有一个孩子病了，把这个作为借口去预约医生。奇怪的是，我检查得越多，就越担心，但是，在我看来，你永远不可能完全确定自己没事，不是吗？

为什么健康焦虑不会轻易消失？健康恐惧主要通过以下几个方面持续下去：

- 健康恐惧可能会非常强烈，以至于人们都对安慰产生“抗体”了。正如我们在前面的章节中看到的，如果安慰不能长期缓解我们的担忧，我们就会再次寻求安慰。典型的健康焦虑患者会不断地求助于医生、朋友、家人和互联网。因此，他们永远学不会自我宽慰，也学不会自信地控制自己对健康的担忧。
- 有时候迷信会让问题继续，例如：“如果我多想想这个病，我就不会染上它。”这在短期内可能会起到安慰作用，所以人们会一直迷信下去。
- 反复“审视”和检查来寻找疾病的迹象也会导致健康焦虑。我们都有身体不适的时候，偶尔的肿胀和皮肤变色都不会有危险。因此，如果我们刻意寻找和感受疼痛、肿块或皮肤纹理的变化，我们一定会找到的，而且这些变化极有可能是绝对正常的。但如果你患有疑病症，这个发现就会吓到你。如果你继续刺激和摩擦肿块或斑点，它们会变得更糟，甚至更可怕。

- 回避会引发健康恐惧的情境（比如阅读杂志上的健康专栏，或者说出“癌症”一词）也会使这个问题持续存在，原因就在于回避会阻止我们学习应对和变得自信——回避是焦虑的最佳盟友，我们已经很熟悉这一点了。

如果我有健康焦虑该怎么办？我怎样才能打破这个循环？通过借鉴这本书中的指导方案，你可以根据需要量身设计出自己的“治疗计划”来打破这种循环。一旦你熟悉了各种策略，你的计划可能会类似如下内容（虽然每个人的计划都会略有不同）：

1. 当你过度关注自己的健康时，你脑子里在想什么？找出那些让你的恐惧变得可以理解的想法或意象。特别要注意灾难化和迷信思维。（第 7 章）

2. 盘点你的资源，特别是那些能够支持你的人，但要学会自我宽慰而不是频繁向别人求助，这真的很重要。

3. 盘点、回顾你的焦虑想法，以及在你脑海中闪过的无益画面，从而学会自我宽慰，重塑一个不那么忧心忡忡的人生观。（第 11 章）

4. 学会接受健康担忧带来的不确定性——如果你能让自己的身体平静下来（第 8 章和第 9 章），如果你能把你的担忧放在一边（第 10 章），你会更容易做到这一点。

5. 尽量减少审视和检查，因为如果你一直自我检查，寻找健康状况不佳的迹象，你几乎总会发现一些让你担心的事情。同样，第 8、9、10 章会有所帮助。

6. 现在你可以面对障碍情境，建立自信了。这些情境可能包括拒绝寻求安慰，或者可能包括阅读一篇你一直在回避的健康主题文章。直面你的恐惧是绝对必要的，但是你必须控制好节奏，这样你就不会苛求自己。（第 12 章）

7. 不断地让自己处于具有挑战性的情境下，直到你巩固了自己的信心。这种重复会树立你的信心，培养你的韧性。

8. 最后，制订计划来保持你的进步。（第 16 章）

广泛性焦虑症

如果你患有广泛性焦虑症（GAD），你就会成为一个“多愁善感的人”。GAD 不仅仅是担忧，但担忧是 GAD 的一个非常普遍的特征，经常让人疲惫不堪。GAD 描述的是持续的焦虑感、不间断的担忧和频繁的“如果……会怎样”的想法。我经常听到患者说“我似乎从来没有摆脱过担忧”或“我永远不能放松，总有什么东西困扰着我，让我紧张不安”。这样会让你身心俱疲。

我总是在担心，从来没有放松过。我几乎没有一刻不感到疼痛和紧张，我的大脑几乎总是集中在忧虑上。我可以担心任何事情，任何地方，这意味着我永远不知道自己的焦虑什么时候会发作，我好像无处可逃。它使我如此疲惫、易怒，我无法入睡或正常工作，几个月来一直感觉不好。我饮食也不正常，这也让我担心。

在过去的一两年里，这种焦虑似乎是悄无声息地出现在我身上的。其他人总是说我“紧张”“多愁善感”，但这从来都不是问题——我只是看起来比大多数人都更容易紧张，我反而利用这一点增加了自己的优势，而且我觉得我能够正确地看待自己的担忧。孩子们都离开家后，我们的经济状况在改善，我和丈夫有了更多的时间相处，我本应该更放松的。相反，我甚至比以往更烦躁不安了。也许我没有让足够多的事情占据自己的大脑？我不清楚。

我去看了医生，他说我应该去上瑜伽课，学习放松。我试过了，但我发现自己无法集中注意力，变得越来越烦躁！现在我试着通过在店里忙个不停来解决这个问题，但这并不容易，因为我太累了，似乎也无法集中精神，所以我会犯一些愚蠢的错误，这让我压力更大，更紧张。我感到非常绝望，不知道这一切什么时候才能结束。

如果你患有 GAD，你可能会像所有人一样，担忧同样的事情——健康、金钱、工作，等等。你只会担忧得更多，而且你的担忧很容易被触发。如果你还没有看过本书前文关于“担忧”的部分（第 1 章），那么很有必要回顾一下，这将帮助你理解为什么“担忧”是一种无益的思维方式，以及它为什么会如此强大。有时，它最强大的影响就是人们对担忧的担忧。

一般来说，GAD 是对各种情况的误解或高估，即误认为它们具有威胁性。上面的例子展示了一个人可以如何“担心任何事情”。它还显示了 GAD 如何悄然发生在人们身上，并影响了他们生活的许多方面：睡眠、食欲、社交活动，等等。

如果你打算解决 GAD 问题，你需要从这两件事开始：

1. 试着梳理你个人的焦虑。在上面的例子中，GAD 患者特别担心自己的健康和工作表现。但直到她把这些问题一一梳理出来，她才意识到自己有这样具体的担忧。她的焦虑曾经很模糊，因此难以解决。
2. 如果你的恐惧以“如果……会怎样”的形式出现在脑海中，那么你需要勇敢，并尝试回答这个问题。说出你的恐惧，然后你就会知道自己需要解决什么了。

一旦你这样做了，你恐惧的事物将会变得清晰，这是控制恐惧必要的第一步。

为什么 GAD 不会轻易消失？人们开展了很多研究来了解 GAD 及其驱动因素，并持有很多不同的理论。如果你认为自己患有 GAD，看看你是否认同这些观点：

- **不说出恐惧会更安全。**一种观点认为，担忧“如果……会怎样”比实际说出恐惧稍微不那么让人痛苦。例如，担忧“如果我生病了怎么办”与“我可能得了癌症，如果病情恶化，我可能会死”相比，前者让人心烦的程度可能更低一些。因此，人们会更执着于担忧，但除非你说出一种恐惧的名称，否则你就不能解决它，而担忧还会继续。

- 担忧使我忧虑。担忧本身的意义会驱动担忧——一方面，如果我认为担忧会把我逼疯，我就会产生更多的担忧；另一方面，如果我认为担忧是有帮助的，可以防止自己受到惊吓，我也会选择继续担忧下去。不管怎样，担忧都会让你忧虑。
- 我不能忍受不确定性。另一种观点认为，GAD 患者难以忍受不确定性，这让他们烦躁不安。所以他们一直在担忧一些事情，希望自己能想出一些解决办法，或学习一些知识来改变现状。这与说出“也许会发生，也许不会，没有必要担忧”然后就把担忧放下的人形成了鲜明的对比。
- 因为担忧，我无法解决我的问题。研究表明，担忧的实际过程会阻碍问题的解决。担忧让我们在原地打转，完全没有进展，它会阻止我们盘点和解决自己的障碍。不言而喻，如果我们不解决自己的问题，它们就会留在原地，继续让我们担心。

如果我患有 GAD 该怎么办？我怎样才能打破这个循环？通过借鉴这本书中的指导方案，你可以根据需要量身设计出自己的“治疗计划”来打破这种循环。一旦你熟悉了各种策略，你的计划可能会类似如下内容（虽然每个人的计划都会略有不同）：

1. 试着找出你担忧的根源：说出你的恐惧，说出那些能让你的担忧变得可以理解的想法或意象。特别要注意的是，看看你是否对自己的担忧抱有一些无益的、任其继续存在的信念。（第 7 章）
2. 盘点你的资源，特别是那些能够支持你的人。

3. 如果你的一些担忧经得起回顾和重新评估，你也许就能像“拔刺”一样清除它们。（第 11 章）

4. 有些担忧可能不能通过自我对话去解决，所以分散注意力可以帮助你放下担忧，继续前进。（第 10 章）

5. 让自己的身体平静下来是很有帮助的，因为这也能让心灵平静下来。它使伴随 GAD 产生的身体不适变得更加容易控制——放松已被证明是对 GAD 患者尤其有益的一个策略。（第 8 章和第 9 章）

6. 学会解决问题，而不是陷入担忧的恶性循环中。（第 13 章）

7. 一旦你的“工具箱”里有了这些应对技巧，你就可以开始更直接地面对自己的恐惧，从而有效地树立信心。这可能包括直面困难的人际挑战（使用第 14 章关于“笃定”的内容来协助自己），或直面你的旅行恐惧，或直面做决定的恐惧。GAD 清单几乎是无穷无尽的，但无论你决定解决什么恐惧，都要有计划、有节奏地分级完成。（第 12 章）

8. 不断地让自己处于具有挑战性的情境下，直到你巩固了自己的信心。这种重复会树立你的信心，培养你的韧性。

9. 最后，制订计划来保持你的进步。（第 16 章）

强迫症

患有强迫症（OCD）的人会有强烈的冲动去做某些事情，或者沉浸在特定的心理意象或思想中，试图让自己感到放松、安全，并减轻责任感（一种常见的 OCD 信念是“如果发生了不好的事情，那就是我的错”）。在教科书中，这些行为被称为“中和行为”（neutralization），因为它们中和了恐惧——至少在一段时间内。OCD 对不同的人有不同的影响，例如：丹尼尔觉得有必要反复洗手（以防携带病菌），并一遍又一遍地检查开关是否关闭（以防火灾）；另一方面，海丝特竭力在脑海中描绘她家人安然无恙的画面，并不断地重复一些具体的、令人安心的话语，因为她担心他们会遭受不幸。这些中和行为是他们最好的应对方式，但它们终究是一种逃避，因为中和意味着从未真正面对恐惧，反而会阻止丹尼尔和海丝特认识到事情会有转机，而安抚性仪式是真的没有必要。

OCD 有一种典型的模式。通常，它始于某人认为某种情况是危险的（对威胁的高估），这引发了令人担忧的想法或意象。接下来，这个人会强迫自己去做些事情以获得安全感。丹尼尔觉得有必要做检查，而海丝特觉得有必要产生“好的”想法。短期内，他们会感到更安心，但担忧会再次出现，因为他们都还没有真正学会如何应对恐惧。

与所有由焦虑驱动的反应一样，对糟心的想法或意象做出反应（而不是忽视它）可能会有所帮助，只要它与现实相符。如果你离开家的时候想：“我把煤气关了吗？整天开着会很危险的。”你可能会回去检查一下。这是一种正常且有益的反应。如果一个女人读到一篇关于宫颈癌的文章，引发了“我也可能有风险”的担忧，她可能会去做健康检查。如果一位父亲（差点撞到一个没有配车灯的骑车人）脑海中闪过自己孩子受伤的不快画面，他可能会去检查孩子的自行车灯是否正常。这些反应都是有益的。只有当人们被迫返回家中多次去检查火灾隐患，或多次约见医生，或脑海中的恐惧画面难以消失而导致对儿童的过度保护时，才会出现问题。

OCD 和健康担忧：南希的自述

我想我有两个强迫症问题：我担心自己可能会感染病菌，所以我经常洗漱；我也担心我家人的健康，所以我不看那些可能引发我担忧的报纸或电视节目。如果我开始担忧，我的脑海就会充斥着最可怕的死亡意象，我不得不一边想着我爱的每个人（总是按同样的顺序），一边说：“你没事的，你没事的。”如果我不这样做，或者按照错误的顺序去想，我就无法摆脱这种担忧，然后这些画面会停留在我的脑海里，我会感到非常痛苦，完全无法忍受。我知道这听起来一定很奇怪，我太容易陷入烦恼当中，而且只有洗漱完或例行这种“你没事的”安抚仪式后，这些烦恼才会消失。我不记得自己已经维持这些想法多久了，尽管在我的一生中，曾经有过那么一段时间，它们几乎不成问题，但也有那么一段时间，它们完全主宰了我的生活。我知道的唯一的应对方法就是尽量避免那些会被感染或担忧死亡的情境。如果有人开始谈论疾病，我通常会找个借口走开，如果我做不到，我就得尽快洗漱或者做我的安抚仪式。有时我无法脱身去做这些，那么几个小时内我都会感到极度恐惧。

OCD 和安全担忧：贾德的自述

在我进入职业运动队之前，我从不担忧。取胜和做好每件事对我们来说是如此重要，因为很多事情都取决于此。我觉得我们都变得有点迷信了。我们会把“幸运”物品带进比赛，每场比赛前我们都会做一个“幸运仪式”。我觉得这是因为我们无法控制其他队伍，所以我们就用这些简单的东西来试着让自己感觉更有控制力。我记得我确实对检查我可以控制的事物有点痴迷——我会再三检查自己的装备。然后我开始检查更多家里的东西，灯、门，等等。自从离开了运动队，我逐渐放弃了很多这种强迫性检查，尽管我的妻子总会因为我对安全的关注而对我评头论足，但我从来没有遇到过问题。直到六个月前。

就在那时，我确定了退休时间，开始计划生活中的各种改变。得知我在公司还剩下一年的时间，老板突然给我升职到一个需要承担更多责任的岗位，主要负责财务。他说他希望我可以带着一笔丰厚的奖金和公司对我能力的认可退休。这是很好的举动，但也让我很紧张。我发现自己越来越担心办公室的安全。在回家的路上，我会担心自己是否锁了办公室的门，锁了保险柜，设置了防盗报警器，等等。很快，我就能想象出保险柜因为我的疏忽而被打开的情景，然后我看到自己站在那个信任我、让我承担重大责任的人面前，无比羞愧。我变得非常容易担心，会一次又一次地回到办公室去检查门、保险柜和报警器。我一天最多可以这样做二十次，我回家的时间开始越来越晚，人也越来越心烦意乱。我妻子说她再也受不了了。

最常见的恐惧往往是对自己或他人会感染的担心（如南希的情况）和

对安全的担心（如贾德的情况）。然而，有些 OCD 患者会担心自己表现出可能令人尴尬的不当行为，例如在公共场合骂人，或对权威人士粗鲁无礼。为了将这种情况发生的概率降到最低，他们会举行仪式性行为或做出特殊的行为——这是试图保护自己的方式。OCD 总是试图保护自己或他人。

另一种常见的 OCD 恐惧是条理不清，没有按照正确的方式安排好事项，并担心这样会带来厄运：

我知道这是不理智的，但如果我没有把所有东西按照大小排列好，我会感到非常不舒服。我只是觉得那样会发生不好的事情。我不知道为什么，也无法解释我的恐惧，我只是觉得，如果我把东西整理得井井有条，我会感觉更安全。

当然，有时候，这种“迷信”行为会与好运或坏事的未发生联系在一起，即便后者纯粹是偶然的。当这种情况发生时，就会加强人们的迷信。乔恩在穿着某套球衣时踢进了他最好的一球，此后他每场比赛都穿着这身“幸运装”。从那时起，他就把进球归功于他穿的衣服，而不是自己的技术，如果他没法穿上那套球衣，他就会越来越担忧。索菲亚在接两个女儿放学前总是把垫子和鞋子摆好，她说这样做可以确保孩子们安然无恙。她的朋友指出没有必要这样做，因为孩子们在学校总是很安全的。索菲亚却说，孩子们是安全的这一事实反而证实了她的迷信，她真的不敢停下来。

有 OCD 的人往往会对自己的行为感到不舒服，因为他们普遍认为这些行为不是必需的（“我知道这是不理智的，但是……”），然而冲动是强烈的。OCD 也经常与尴尬感联系在一起，然而恐惧和责任感仍然驱使着他们检查、清洁和仪式化的冲动。这些矛盾感往往会让 OCD 患者更加痛苦，不幸的是，他们的尴尬心态又会让自己很难去寻求帮助。市场上还有各种各样关于强迫症的自助书籍，可以让你更好地了解这种病症以及控制它的方法。

为什么 OCD 不会轻易消失？正如我们在示例中看到的，回避发挥了它的作用。试图通过回避来解决问题只会削弱信心，而且往往会让事情变得更糟。

- 寻求安慰也是让问题变得根深蒂固的一个常见原因。我们之前讨论过寻求安慰，你可能还记得，它像回避一样，可以让我们得到短期的情绪缓解，但会妨碍我们获得足够的信心来处理自己的担忧。
- 另一种常见的应对方式是尽量不去想糟心的想法或意象。问题在于，如果我们试着不去想某件事，它反而会自动浮现在我们的脑海里。试着不要去想红色的气球，彻底清除你大脑中的红色气球。很大概率上，你在脑海里会出现红色气球的画面。这样你就会明白，不去想事情的策略只会适得其反。

如果我发现自己患有 OCD 该怎么办？我怎样才能打破这个循环？通过借鉴这本书中的指导方案，你可以根据需要量身设计出自己的“治疗计划”来打破这种循环。一旦你熟悉了各种策略，你的计划可能会类似如下内容（虽然每个人的计划都会略有不同）：

1. 当你过度关注某件事情时，确定一下自己在想什么。内容可能非常可怕，但你需要知道是什么样的想法或意象能让你的恐惧和行为变得可以理解。特别要注意灾难化和迷信思维，以及那些生动的、令人惊慌的画面和关于责任的想法。记下你的冲动和行为。（第 7 章）

2. 盘点你的资源，特别是那些能够支持你的人，但要学会自我宽慰而不是频繁向别人求助，这真的很重要。

3. 查看一下你的想法，试着学会通过权衡你的恐惧到底有多真实来打消自己的疑虑。你是不是高估了威胁，低估了自己的应对能力？这在 OCD 中很常见。（第 11 章）

4. 除了可以使用自我对话来帮助你减轻恐惧以外，注意力分散也可以帮助你接受不确定性，让你摆脱强迫性想法和担忧，从而远离困境。（第

10 章）

5. 克服 OCD 的绝对关键是面对你的恐惧，而不是屈服于回避。你最大的挑战永远是不要屈服于自己的冲动——但要确保你彻底检验过自己的恐惧是否有根据。这是屡经证实的打破 OCD 循环的最有效方法。你需要仔细计划。（第 12 章）

6. 为了帮助你抵抗过度检查、过度清洁、寄托于魔法，或寻求安慰，你可能需要学习切合实际的自我对话和分散注意力的技巧。你也会发现，如果可以让自己在生理上平静下来，你会更容易承受冲动带来的身体不适。（第 8 章和第 9 章）

7. 不断挑战自己。既要抵制冲动，也要做一些可能引发冲动的事情，或去一些可能引发冲动的地方——直到你建立起信心。这种重复将不断树立你的信心，培养你的韧性。

8. 最后，制订计划来保持你的进步。（第 16 章）

创伤后应激障碍

创伤后应激障碍，通常被称为 PTSD，是一种应激反应，有时发生在创伤性事件如交通事故、袭击或目睹重大灾难之后。在遭遇创伤后经历一段困难时期是很正常的，被记忆和痛苦折磨一段时间也很正常。这种可怕经历的重演可能有充分的理由。一个流行理论认为，这给了我们从错误或者侥幸的脱险中总结经验教训的机会。我在前文中提到的那场车祸有一段时间一直在我的脑海里重演，每次都让我有机会去反思自己应该做些什么来避免它再次发生，以及我做过什么来保证我和孩子的安全。这意味着我可以不断地从经验中学习，而不是再经历一次车祸。在大多数情况下，这些清晰的回忆会随着时间的推移而淡化（有时候需要几天，但通常是几周甚至几个月），但在 PTSD 中，情况并非如此。PTSD 患者痛苦的记忆会影响其行为，让他们回避任何可能触发记忆的事物：地点、人、读报纸，等等。他们的生活变得十分受限，陷入了恐惧。

PTSD 最初的研究对象是士兵，他们在战斗后表现出相似的极端应激反应模式。其主要特征是典型的焦虑症状，但是伴随着反复出现的、清晰的创伤记忆或梦境。这些特别鲜明的记忆在 PTSD 中非常典型，被称为“闪回”，因为它们似乎把患者带回了受到创伤的那一刻。而且这些记忆并不总是视觉上的，有些人还会闪回气味、身体上的感觉或声音。这些记忆的共同之处在于，闪回每次发生时都会刷新恐惧，这使得问题持续存在。患者往往会害怕闪回，因为他们认为自己快要疯了，或者每一次闪回都在提醒他们永远不会好起来。但大多数人确实从 PTSD 中恢复过来了，也学会了处理闪回和糟糕的记忆。

回到士兵身上：在某些情况下，他们比以前更“情绪化”，例如更容易变得害怕或更容易流泪；有时创伤后反应正好相反，他们会情绪麻木，也就是说，感觉很少，或者感受变得迟钝。总之，与 PTSD 有关的情绪反应有很多，最常见的可能是恐惧，有时也以悲伤、厌恶或愤怒为主——这些情绪都会大大增加痛苦和回避。

早期的研究表明，PTSD 可能发生在任何人身上，而不仅仅是士兵。

车祸后，我开始做关于它的梦。我原以为这些梦会在几天内消失，但它们仍然反复出现，而且梦境是如此鲜明，以至于我醒来时真的以为自己刚刚经历了事故。通过和别人的交谈，我知道这是一种常见的反应，但我这些可怕的梦持续了好几个星期，它们严重影响了我的睡眠和第二天的工作能力。最后，医生给了我一些安眠药来帮助我应对这种情况。

虽然后来我不像之前那样为梦境所困扰，但我仍然无法回到事故发生的路口，也不能再开车了。我以为我很快就能克服对开车和那个路口的恐惧，但我发现情况变得越来越糟糕而不是越来越好，我开始非常依赖我妻子来开车，并且会规划路线避开那个路口。如果我们真的靠近了事故现场，我就会进行非常清晰的回忆——就像是原场景的闪回。这让我非常沮丧，以至于我的妻子很快就知道了许多其他路线，而我们现在坚持走这些新路线。她对这一点非常理解，而且真的尽了自己最大努力来帮助我。虽然车祸已经过去六个月了，但我仍然没有信心再次开车，这限制了我的旅行自由，还影响到了我的工作。

为什么 PTSD 不会轻易消失？

- 创伤性记忆在其中起了很大作用。我们的大脑通常会将其"回放"一段时间来处理这个问题，这些记忆的强度会逐渐消退，之后回顾起来会更像是一段糟糕的记忆，而不再是创伤的生动再现。然而，这些闪回可以变得非常强大和"真实"，以至于人们会重新开始感觉到痛苦。
- 对这些记忆感到恐惧是可以理解的（比如害怕被闪回逼疯），但是处于高度焦虑和恐惧的状态实际上会让我们更容易产生可怕的记忆。
- 避免做能勾起回忆的事情或者去一些能勾起回忆的地方（正如我们在上面的例子中看到的）也是可以理解的，但是，正如你所了解的，回避会阻止我们重获信心。
- 许多创伤幸存者限制了自己的生活，因为他们变得不那么自信，而且限制社交和身体活动只会让我们越来越孤僻和恐惧。

如果我有 PTSD 该怎么办？我怎样才能打破这个循环？通过借鉴这本书中的指导方案，你可以根据需要量身设计出自己的"治疗计划"来打破这种循环。一旦你熟悉了各种策略，你的计划可能会类似如下内容（虽然每个人的计划都会略有不同）：

1. 试着理解那些可以解释你的 PTSD 的想法。它们很可能是生动的记忆，以及对你的脆弱性和可能危险的担忧想法的结合。（第 7 章）

2. 盘点一下你的资源，特别是那些能够支持你的人。

3. 提醒自己，在经历创伤后留下强烈的记忆是正常现象：大脑重复播放创伤记忆是生来固有的。只要理解这一点就可以缓解压力，让回忆不那么紧张。

4. 当你熟悉了引起你恐惧的想法和意象时，用积极的、抚慰性的自我对话来提醒自己，你是安全的，危险已经过去了。也可以试着想象自己应对恐惧、有安全感的画面。（第 11 章）

5. 如果有必要的话，通过分散注意力的方式来建立自信，从而摆脱有害的、侵入性的想法和意象。（第 10 章）

6. 开始感觉到压力的时候，放松下来，控制你的呼吸，这样可以给你信心，让自己平静下来。（第 8 章和第 9 章）

7. 现在，你可以逐渐“重拾”自己的生活，重新开始业余爱好和活动，但要保持节奏，这样你才不会感到应接不暇。（第 12 章）

8. 也要循序渐进地面对那些让你觉得困难的、会引发创伤记忆和恐惧的情况，用安抚性的自我对话和想象来减少你的心理紧张。仔细计划并切合实际地调整自己的节奏。（第 12 章）

9. 不断地让自己处于具有挑战性的情境下，直到你巩固了自己的信心。这种重复会建立你的信心，培养你的韧性。

10. 最后，制订计划来保持你的进步。（第 16 章）

浅谈“职业倦怠”

职业倦怠是一个相当模糊的术语，已经存在多年了。这种焦虑或压力问题不同于我们之前所谈论的各种障碍。职业倦怠一种是对持续压力的反应，这种反应往往会被忽视，直到我们或我们身边的人意识到我们并没有去应对它。它悄无声息地逼近我们。其原因可能是你能想到的“主动”压力，如过度工作、紧迫的截止日期或无法实现的目标；也可能是“被动”压力，如工作无聊、缺乏自主性或挫败。压力甚至可以是“积极的”，因为它可以反映一些愉快的事情——例如，在你喜欢的工作上花费太多时间；为你想要帮助的人承担太多的琐事，提供太多的帮助。无论起因是什么，这些症状都与其他与压力有关的问题相似，但它们可能会更严重，因为我们会注意不到或刻意忽视这些压力，直到它开始影响我们的工作、家庭生活或幸福感。

回头看，所有的迹象都挺明显的，但我从来没有注意过。我从小就想成为一名护士，我有事业心，也很关心我的病人。所以我从来没有停下来看看自己工作有多么努力。事实上，想在我的工作中放慢节奏是很困难的——急诊室的文化就是自我牺牲和努力工作。我喜欢投入工作。后来，我开始出现消化问题，但我只是服用了抗酸剂，当我被诊断为肠易激综合征时，我觉得这很麻烦，但我没有意识到这其实是一种警告信号。我越来越疲惫，却告诉自己，冬天就是会这样，我们还得营业。我的体重在下降，感觉精疲力尽，变得非常容易暴躁，所以我的一些同事显然都对我敬而远之。

在我的经历中最可怕的是，我开始犯错误了，而且通常是连学生都不会犯的愚蠢错误。幸运的是，在我的部门经理坚持让我停止工作以缓解压力之前，我并没有犯太多错误。当时我很震惊，过了一段时间才反应过来，但现在我意识到自己很幸运，我的上司看到了发生的事情，给了我急需的休息时间。感谢老天，这个决定不是由我来做的——也许直到我犯了太多的错误，让自己和周围的人都痛苦不堪以后，我才会意识到自己早已精疲力尽。

为什么职业倦怠不会轻易消失？

- 一个常见的原因是，我们甚至没有注意到它——它是悄无声息地出现在我们身上的，而这种渐进的变化并没有给我们敲响警钟。
- 另一个常见的原因是，我们太争强好胜了，也许是因为我们喜欢自己所做的事情，也许是因为我们有一种责任感，也许是因为我们不能拒绝。
- 职业倦怠会让我们效率更低，我们不会取得希望的成果，甚至会犯更多的错误。这会促使我们更卖力地工作，以弥补我们的错误或低效率，而这又会让我们更疲劳，效率更低——一个恶性循环。

如果我发现自己患有职业倦怠该怎么办？我怎样才能打破这个循环？

1. 找到那些把你逼得太紧的想法，然后尝试用更温和的想法去平衡它们。（第 11 章）

2. 学会说“不”，这样你就不会因为不果断而被迫超负荷工作，或者无奈接受无聊或令人挫败的工作。（第 14 章）

3. 学会时间管理，这样你就有了切合实际的目标，就能腾出时间休息和放松，特别是安排愉快的活动。

4. 当你周围的人建议你慢下来或放松下来，或者当他们指出你可能无法完成你所做的事情时，请听他们的话——有时你需要一个局外人来帮忙发现问题。

5. 了解你的警告信号是什么。在上面的例子中是消化问题，但其他人的警告信号可能是头痛、背痛、酗酒、安慰性进食，等等。找到那些告诉你“是时候进行反思了”的信号。

小结

- 担忧、恐惧和焦虑有时被归为不同类别的诊断标准。
- 最常见的诊断结果有：恐惧症、惊恐症、社交焦虑、健康焦虑、广泛性焦虑症、强迫症和创伤后应激障碍。
- 职业倦怠也是 CBT 可以解决的一种压力形式。
- 对于大多数焦虑症的诊断结果，都有效果经历反复验证的 CBT 治疗手段。
- 在这些诊断分类中认识到自己的问题可以让你得出一些应对的想法。

第二部分

使用 CBT 控制问题

第5章

CBT的优势

我多年来饱受神经衰弱之苦，我总是通过服用五花八门的镇静剂来缓解症状。我一般会在参加社交活动或看病之前服一次药。虽然这种方法对我有效，但我实在担心自己可能会产生药物依赖。在度假期间，我在没有吃药的情况下陷入了可怕的状态，最后变得惊恐不已，破坏了所有人的假期。在那之后，我丈夫说我应该尝试摆脱镇静剂，但我没有这样的勇气。一定还有别的办法……

在过去的30年里，我们对控制焦虑相关障碍的看法发生了巨大的变化。管理担忧、恐惧和焦虑通常有两种选择：心理疗法和药物治疗。在20世纪70年代和80年代早期，药物治疗非常流行；后来越来越多的研究表明，心理疗法也是有效的，尤其是认知行为疗法（CBT）。

药物治疗（通常使用镇静剂或抗抑郁药）不一定是坏事，只要谨遵医嘱，小心服药。事实上，帮助你渡过危机的药物是极其宝贵的。但是，长期使用药物通常没有好处，原因有以下几点：

- 诉诸药物治疗会阻止我们学习控制自己的焦虑。这样我们就不能培养出克服焦虑相关问题所需要的自信。
- 有证据表明，镇静剂会导致生理上（而不单单是心理上）的依赖。
- 有充分的证据表明，在许多情况下，药物治疗并不比心理治疗更有效。
- 药物治疗可能只是掩盖了担忧、恐惧和焦虑的症状，但不能从根源上解决问题，患者可能仍然容易受到压力的影响。
- 药物治疗可能引起讨厌的副作用，甚至可能加重对身体变化非常敏感的人的焦虑。

幸运的是，确实有令人信服的证据表明 CBT 可以帮助解决焦虑问题。更棒的是，很多人可以以自助的形式使用 CBT，比如阅读这本书。本书的第三部分将带你体验一项 CBT 自助项目，这个项目基于英国国家医疗服务体系（NHS）下辖诊所多年来开展焦虑管理会谈的经验。因此，你可以确信这些技术已经是经过反复检验的，而且这个恢复计划是切合实际的。我们以系统的方式提出了该方案，包括身体、心理和行为症状的应对策略。你要做的是通读文本，并准备好花时间来调整方案，以满足自身的需要。这意味着：

- 用日记记录你的焦虑和担忧。
- 尝试不同的技巧，找到适合你的。
- 找时间练习这些技巧。
- 按照切实的节奏练习。

调整停用

如果你目前正在服用药物并打算减少使用，这是一个学习替代策略的理想机会。CBT 技术的引入会让你更容易减少药物治疗（参见本章末尾关于停止用药的说明）。确保你是在医生指导下结束任何药物治疗的，这非常重要。

CBT：它是什么，为什么有效

我开始觉得自己再也不能过正常的生活了。自从我开始担心别人会怎么看我以后，我出去的次数就越来越少，做事也越来越少。我开始宅在家里，与世隔绝。后来，我的一位朋友给我推荐了一本关于 CBT 的书，因为在她过去与焦虑做斗争时，这本书曾对她有所帮助。我不得不说，她是一个很好的 CBT 广告，因为我从来没有发现她有过焦虑问题。我立刻读了这本书，它首先帮助我理解了焦虑基本上是正常的（这立刻让我感觉好多了），焦虑的失控是有原因的。我意识到自己的焦虑已经失控了，因为我在生命中的某个时刻被迫面对了太多压力。这个认识让我放心下来，我不是软弱或愚蠢，只是运气不好。接下来，这本书让我意识到，我只是陷入了担忧和焦虑的"恶性循环"，这些情绪拖了我的后腿，夺走了我的信心，而这本书向我展示了如何打破循环，重获信心。这本书概述了很多技巧来帮助我控制可怕的身体感觉和我那些糟心的想法，它鼓励我接受越来越困难的挑战，直到我设法恢复了往日的生活。事实上，我认为我做得比预期的更好。我对焦虑有了更好的理解，也有了很多应对焦虑的点子，我想我不会再轻易地陷入焦虑的陷阱了。

CBT 是一种谈话疗法，由亚伦·T. 贝克教授在 20 世纪 60 年代发明，最初用于治疗抑郁症。它是如此成功，以至于在 20 世纪 80 年代也被用于治疗焦虑和饮食失调等问题。随着时间的推移，它已经被证明是一种可以治疗广泛的心理问题的出色谈话疗法。关于 CBT 如何帮助治疗焦虑的研究不胜枚举。我们不断看到的是，CBT 帮助了许多人，让患者理解焦虑，给予他们需要的"工具"来克服他们自己的障碍。

CBT 基于一个简单概念：我们脑海里的东西（思维过程或认知）影响我们的感受方式，并最终影响我们做的事情（我们的行为）。例如，乔希在一架飞机上，飞机开始有点颠簸。他的想法是：“哦，不！飞机出了严重的问题，可能会发生引擎故障，然后坠毁！”可见，他感到害怕，这使得他的想法更加极端（我们的宿敌：恶性循环）。他的恐慌影响了他的行为——他不再平静地坐着，因为恐惧而变得僵硬，他紧紧握住自己的幸运护身符，也握住了焦虑。

坐在过道对面的马蒂有不同的想法：“可能是遇到了气流。这在飞机上很常见。”他感觉相对平静，只是转向他的妻子，分享他的想法，她也同意他的看法。他们俩都在座位上安心坐好。

一种情况，两种不同的观点，分别引发了不同的感觉和行为（见图 5-1）。如果乔希能更坦然地接受自己可能是安全的这个想法，他也许就不会那么害怕了。

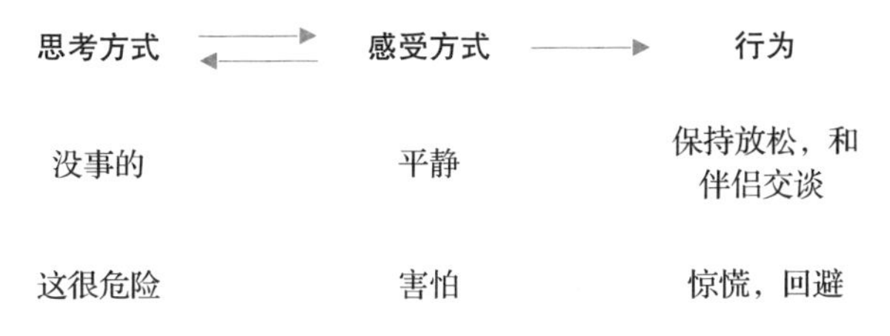

图 5-1　思考方式会影响我们的感受方式和行为

反过来，我们的行为也可以改变我们的感受和思考方式（见图 5-2）。乔希仍然很紧张，紧紧抓住他的护身符，这使他愈发焦虑不安。几分钟后，气流结束了，他感到如释重负，但这是一种不稳定的解脱，因为他还没有完全冷静下来，无法安心，他担心这种情况可能再次发生，也许下次他的护身符就不会起作用了。他仍然很焦虑。马蒂已经和妻子验证了他的“小气流理论”，他们互相安慰，都感到很

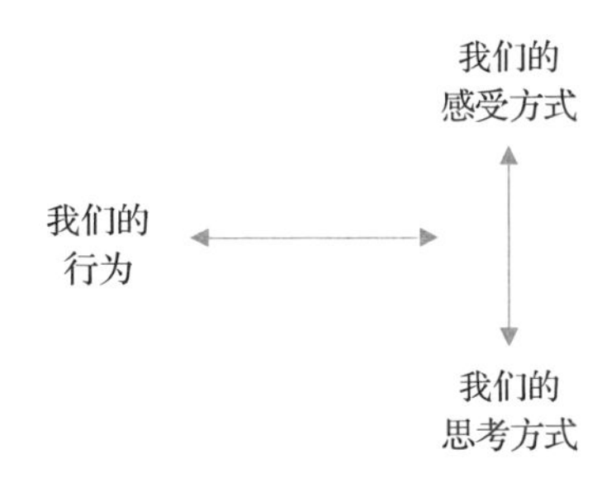

图 5-2　我们的行为影响我们的思考和感受方式

安全。和乔希一样，他也意识到这种情况在飞行中可能会再次发生，但他对此感到放松，因为他可以提醒自己这很正常，很快就会没事的。

如果你有焦虑、担忧和恐惧的问题，CBT 会通过教你处理自己的思维和行为方式来改变你的感受方式。你将学会识别自己的循环模式，这会有助于你在失控之前捕捉到那些焦虑的想法、感觉和行为。通过学习一些被广泛使用的 CBT 技术，你将能够掌控那些会使你的障碍恶化的认知（想法和意象）和行为。简而言之，你将学会马蒂而不是乔希的应对方式。

CBT 最大的优点是，它是一种终身的应对方式——一旦你掌握了这些技能，它们就会永远陪伴你。是的，有时候前进会变得困难，因为生活在我们的道路上设置了阻碍，但是你仍然可以拥有助你渡过难关的技能和知识，尽管在那些时候，你可能需要付出较大努力。研究表明，CBT 不仅能帮助人们克服焦虑，还能防止焦虑复发。

关于停止用药的说明

学习自助技巧来代替药物是停止服药的最可靠方法，但是，对抗“脱瘾症状”（withdrawal symptoms）的过程可能很艰难。这些症状只是心理和身体在恢复过程中的反应，但它们会让人很不舒服。很多人不会经历脱瘾症状，所以当你减少药物治疗的时候，不要预判自己会遭受痛苦，因为你或许可以轻松停止药物的摄入。然而，在改变任何服药计划之前，你应该征求你医生的意见。如果产生不适，你也应该告诉你的医生。

常见且暂时的脱瘾症状包括：

- 焦虑的感觉
- 注意力不集中，记忆力差
- 焦躁不安
- 肠胃不适

- 过度敏感
- 失真感
- 身体紧张和疼痛
- 食欲变化
- 失眠

如果你确实经历了这些症状，请安慰自己，它们只是暂时的，你的身心最终会适应不使用药物。当你减少用药时，尽量不要为了舒适感而摄入酒精、过量食物，或者吸烟，因为它们会导致你进一步的担忧。作为替代，你可以使用本书第三部分的自助策略。

第三部分

管理担忧、恐惧和焦虑

第6章

我能做什么

我本来已经放弃等待转机的出现了。我之前的医生总是给我开药，以此来帮助我应对困难的情况。当另一位医生告诉我不吃药也可以控制病情的时候，我以为她在胡说。她解释说，随着时间的推移，我可以自己找到控制痛苦的方法，这样我就不用吃那么多药了。这不是一夜之间就可以做到的，但我确实学会了独自应对压力。这增强了我的自信，障碍也变得更容易应对了。我感觉自己好多了，不用再求助于药物，也更有能力接受新的挑战了。

应对策略

在本书的第一部分，你知道了担忧、恐惧和焦虑不仅很常见，而且对生存至关重要。然而，你也看到，当过度时，它们就会发展成问题，形成痛苦的循环。现在是时候考虑开发出切实可行的方法来处理那些困扰你的感觉、想法和行为，打破这些循环了。

有各种各样的应对策略来帮助你做到这一点，本书的第三部分将会引导你学会这些策略。

总之，你会找到以下方法：

- 识别焦虑和压力的方法
- 控制身体感觉的方法
- 管理问题想法和意象的方法
- 改变无益行为的方法
- 终身的应对方法

这些方法将帮助你控制住问题，但它们都是需要练习和学习的技能。正因为如此，你可能会发现，有些事情并不会自然而然地发生，你只能期盼它们的到来。你不能指望上几节夜校课就能说一口流利的法语。把学会这些技能的过程想象成掌握一门新的语言——你需要时间练习。然后，你就会形成有效应对问题的专属方法“工具箱”，一旦处于压力或焦虑之下，就可以使用它。

接下来提到的一些策略可能会令你感到很熟悉——也许它们与你已经尝试过的应对技巧很像。但在你再次尝试之前，不要直接认定它们是多余或者没有帮助的。即使这些策略你很熟悉或者之前尝试过，它们也可能还有一些可取之处。它们过去没有起作用或许是因为你没有正确地使用这些策略，或许是因为使用的时间不对，或许是因为你需要更多的练习。再试一次，也许你会发现这些策略终究还是非常有用的。

这部分讲到的其他应对技巧会使你觉得很新颖。不要因为新颖而却步——你在这里也许可以找到一些好点子，但确实也要认识到一个问题：对于不熟悉的策略，你可能需要更多关注和练习。

当你完成整个项目时，你就会知道哪些技巧或技巧的组合最适合你；而这些技巧或技巧组合会成为你应对问题的个人“工具箱”。每个人的

“工具箱”都独一无二，重要的是你需要根据需求来定制属于自己的那一个，因为方法个性化才是成功的关键。如果有一种生活方式可以帮助你对抗焦虑，并且让你感觉舒适且适合自己，那么你就更有可能将这种方式坚持下去。无论你选择哪种应对策略，都要记住其中的黄金法则：如果你可以在压力处于较低水平时就将问题解决，你就是最成功的。虽然不可能总是及早发现焦虑，但你还是要尽可能地把压力扼杀在萌芽状态。一旦你意识到自己的压力和担忧模式，一旦你创造了属于自己的“工具箱”，你就可以放松下来，自在生活了，因为你知道自己随身携带着应对挑战的有效方法。

选择应对策略时的最佳秘诀

你最佳的出发点是真正理解自己那些包含担忧、恐惧和焦虑的个人经历。因此，我们鼓励你用写日记来帮助自己控制焦虑情绪。这是非常重要的基础工作，所以即使你很想跳过这一部分，也不要这么做。你需要花些时间考虑以下内容：

- 什么对你来说是可行的
- 你的偏好
- 你的资源

你需要建立一个现实可行的应对计划。如果你没有钱，也缺乏自由时间，你就不能通过参加飞行课程来克服你对飞行的恐惧；如果你家里有三个小孩，你没有钱还讨厌健身，你就不能指望自己在昂贵的健身房里进行放松。但是，如果你有乐于助人的家人和朋友，你就可以在他人的支持下制订计划；如果你的老板富有同情心，你就可以制订可能会占用日常工作时间的计划。

希拉里想克服自己对蛇的恐惧，于是她的丈夫建议两人一起去动物园玩一天，参观爬行动物馆，然后去一家不错的餐馆吃饭，这样至少会发生一些愉快的事情，满足希拉里的期待。在这个示例中，希拉里的丈夫提出了一个很合理的建议——他们住得离动物园很近，买得起门票（以及晚餐费用）；希拉里的丈夫可以请一天假陪她，她在丈夫的陪伴下也会更有信心。同样的计划对于弗朗西丝就未必有效了。因为她工作日很难请到假，周末也没有可靠的托管所可以帮她带孩子。另外，她长期以来都不喜欢动物园（所有的气味和噪声都让她焦躁不安）。最糟糕的是，她的丈夫总是对她吹毛求疵，所以她会很紧张，感觉得不到支持。要克服对蛇的恐惧，她最好还是从照片开始，晚上在好朋友的鼓励下看蛇的照片就不失为一个好方法。

在下一章中，你将了解更多关于如何通过写日记来确定个人需求和资源的内容。坚持上一段时间，你就会更容易判断出哪种方法对自己最有效。

另一个建议是寻找与你的问题相“匹配”的应对策略。例如，如果你正在承受压力带来的身体不适，就需要确保你的技巧清单上有控制呼吸和放松这两个策略。如果你被持续的担忧和挥之不去的恐惧所困扰，你可以花更多时间学习分散注意力的技巧，以及如何对抗糟心的想法。下一章将更详细地介绍如何将策略与个人需求相匹配。你可以在有机会将自己的障碍记录下来之后再着手解决这个问题。

应对策略还是安全行为

正如你在第 2 章所了解到的，区分应对策略和安全行为是至关重要的。应对策略帮助我们形成技巧并建立信心，而安全行为会削弱我们控制挑战性状况的信心。如果我现在能列出你应该避免的安全行为，当然再好不过，但这没那么简单。应对策略和安全行为的区别并不是绝对的，而是基于我们自己的解读——它取决于我们如何看待这些行为。

- 应对策略：无论是从长期还是短期来看，我们都把这些策略看作帮助自己实现自我救助的方法。当我们使用了它们，我们就会更加自信地认为自己“可以做到”。
- 安全行为：这些行为在短期内似乎是有用的，但从长期来看，它们会削弱我们的信心。我们往往会迷信地认为它们是解决问题的手段，从而越来越依赖它们。

萨姆和比尔两个人在牙科手术打针时会感到紧张。他们都是通过想象舒缓的画面来分散注意力，从而走出当下困境的。萨姆的信心增加了："这太好了。我意识到有一些策略可以帮助我应对困境。有些事我是可以做的，也就是说我可以控制我的压力。我将来也不用再这么担心了。"比尔却有不同的体会，他觉得自己能挺过来确实很幸运，但他不再有信心了："唉，这次确实是成功了，但那只是因为我使用了意象……万一下次我想不起来这个意象了呢？那我该怎么办呢？没有这个意象我根本应付不来。"比尔显然没有意识到他正在学习控制自己的问题，而是开始依赖于这种特殊的分散注意力的仪式。

同样的情况，同样的策略，不同的解读——你看到萨姆和比尔的不同态度造成的不同结果了吗？

当你安然跨过了一场困境，你需要回顾一下自己得出的结论，并确保给了自己应得的赞赏。问问你自己：

- 我刚刚做到了什么？
- 关于我的优点和能力，我都了解到了什么？
- 有鉴于此，我下次该怎么做呢？

如果比尔做到了这一点，他可能会觉得自己应该得到赞赏，因为他使用了一种非常恰当的应对策略，从而认识到了自己的应对潜力，并会质疑自己之前的预测（他无法应对的预测）。他可能会得出如下结论：在类似的情况下，他可以做出类似的选择。这将意味着他可以对自己的问题负责。

足球运动员进球不是因为他带着幸运吉祥物或穿了"幸运球衣"，而是因为他有这个技巧和能力。护身符唯一的作用就是削弱他的信心，不让他意识到自己有多强。请确保你不会犯同样的错误。

安全行为：是敌是友

在区分了应对策略和安全行为之后，我现在想谈一谈安全行为给我们带来的一些好处。你可能会对此感到惊讶，这些年来，人们对安全行为的看法总是负面的，它们被看作焦虑障碍治疗之旅的拦路虎；而且，平心而论，过度依赖这些行为对我们不会有什么好处。然而，如果我们只是将这些行为视作帮助自己开始恢复的工具，它们就会有所帮助。如果接受完全放弃安全行为的建议意味着我们对鼓起勇气直面恐惧不抱任何希望，不让自己尝试任何应对策略，那么，这种建议才是毫无帮助的。然而面对这种情况，有些人就是干脆选择了放弃。因此，你需要考虑如何在不产生依赖的情况下，让安全行为为你所用。

多年来，艾丽西亚一直通过安全行为来控制自己对在公共场合晕倒的恐惧：她随身携带嗅盐和葡萄糖片以防头晕，因为她担心头晕可能会让她摔倒；她总是靠墙走，以便在必要时能扶住墙，稳住自己；为了保持身体平衡，她一直穿平底鞋，还尽可能多地选择去超市购物，因为这样她就能靠在手推车上。对所有这些“拐杖”的使用（安全行为）侵蚀了她的自信，她越来越不敢出门了。于是她向一位治疗师寻求帮助。这位治疗师帮助她意识到，安全行为实际上会让她更不自信，并建议她不要再采取这些行为。可怜的艾丽西亚瞬间就不知道该怎么办了。没有任何“拐杖”的她根本不敢出门。所以治疗师修改了治疗计划，和艾丽西亚商量后，决定让她一次只放弃一种安全行为，从她觉得自己用得最少的嗅盐开始。这样，尽管兜里没有嗅盐，她还是可以带着剩下的“拐杖”继续出门。慢慢地，她对于不使用嗅盐越来越有信心了。然后，她可以做到把葡萄糖片留在家里了。再后来，她也敢于尝试高跟鞋了。艾丽西亚就这样坚持下来，直到她建立起信心，可以完全依靠自己出门，再不用担心会晕倒了。她说，治疗师的第一个建议让她感到绝望和害怕，就像一直被困在轮椅上的人忽然被告知他应该用自己的双脚走路一样；第二种方法则没有那么令人不快，因为她有“拐杖”，后来是“手杖”，这样她就可以按照自己的节奏进行治疗，尽自己最大的努力，又不会吓到自己。

这里要学习的是一种平衡感：使用足够的“拐杖”来给你前进的信心，但不要过多地使用，以免失去对自己能力的信心。

独自应对还是在别人的帮助下应对

虽然这是一本自助指南，但你也可以选择寻求他人的支持和帮助，如果你认为这么做会让问题变得更容易解决的话。同伴、家人和朋友，以及咨询师和执业医生等专业人士，都可以是你的得力帮手。花些时间来思考谁在什么时候对你最有帮助：当你学习如何放松时，伴侣的陪伴可能是最有帮助的；当你试着走出家门，直面恐惧时，朋友的支持可能最有帮助；当你尝试减少药物治疗时，医生会给你最大的帮助。让别人参与进来对他们而言也具有意义——这可以有效地帮助他们了解你的恐惧和焦虑，知道自己做什么才能帮到你。如果你认为这有助于他们理解你的困难和需求，你甚至可以请亲近的人来读这本书。我们中的大多数人都很幸运，生活中存在这样乐意帮助自己的人。所以好好考虑一下，因为如果有额外的帮助，你可以更快地战胜恐惧和焦虑。

自助项目的预期好处

已经有许多焦虑的人从这本书的自助项目中获益了，我相信知道这一点后的你会感到更加安心。事实上，整个项目是基于我在 20 世纪 80 年代开始使用的一种成功的集体治疗，所以它确实经受住了时间的考验。多年来，我和同事们也用这种方法治疗个体病人，并从病人身上学到了很多东西，这些东西现在可能对你也有所帮助。

“如果你感到害怕、担心或有压力，你并不孤单。出现这些情况都是有原因的，而且没什么好羞耻的。”

“要克服恐惧，你必须去面对它。就这么简单。你可以通过仔细和合理的规划，让问题变得更容易解决。”

“不要犹豫，虽然这会很艰难，但很值得。我建议所有人都坚持练习，因为练习终有回报。”

“去寻求帮助——这会是你迈出的重要一步，不要因为太特立独行而毁了大好机会。”

一些人会发现这本自助指南正是自己所需要的；还有一些人的问题会得到缓解，但可能不会觉得自己已经控制住了这些问题，他们还需要更多的支持。这种支持可以来自朋友、家人或专业人士。例如，经过学习，你可能会变得很擅长放松，得到身体上的释放，但如果没有家人的支持，你可能仍然无法抵抗做体检的冲动；你可能会学着睡得更好，并从中受益，但如果没有治疗师的指导，你可能仍然无法消除白天的担忧；你还可能会学会捕捉烦恼，把它们藏在心里，搁置起来，但实际上你可能需要帮助，学会放下它们。即使需要一些额外的支持，你仍然会从对这个项目的关注中得到帮助——给自己“点个赞”。你将在尝试自助方面成功地迈出第一步，你从这本书中学到的一切都将是以后治疗的关键。所以，如果你属于那些需要更多支持的人，不要沮丧，只需和专业人士联系，让他们给你一些求助方面的建议。

小结

- 你可以学会识别自己的焦虑和压力。
- 你可以控制身体的感觉、有问题的想法和意象，以及无益的行为。
- 你可以发现受用终身的应对方式。
- 获得他人的支持可以帮助你达成以上目标。

第7章

了解你的恐惧和焦虑

在很长的一段时间里，我都以为我的恐慌是突然出现的，没有什么前因后果。这种认识让我更加害怕，因为我觉得自己失去了控制自我的能力。后来，我开始记录自己的恐慌情绪，令我吃惊的是，我在其中发现了一个规律，这让我觉得自己并没有那么无助。我开始重新安排我的生活，试图阻止恐慌发作。例如，如果我几个小时没有吃东西，我就会恐慌（我对工作过于投入以至于总是忘记吃东西），所以我开始在我的包里放零食；需要见老板时我也会感到恐慌，所以我参加了一个自信训练课程，这让我变得更自信，可以坦然地出现在老板面前。我重新掌控了局面。

写日记和做记录

我们每个人对担忧、恐惧和焦虑的实际体验都是不同的：身体的感觉、糟心的想法、成问题的行为都不一样，而且引发焦虑的因素也因人而异。在你开始学习如何控制问题之前，你必须真正了解你的问题是什么，这是你的起点。当你特别担忧、害怕或焦虑的时候，你可以很容易地通过做记录来发现自己的问题所在。你只需要简单地记录：

- 你的身体感觉
- 你的想法（或者心理意象）
- 你如何应对这种痛苦

一号日记是执行此类操作的模板，你可以利用它来构建自己的记录。你会发现，除了分别记录压力、焦虑的发作与体验外，你还可以对自己的不适程度进行打分，从“完全平静”（1）到“可能是最糟糕的感觉”（10）。最后一栏用来记录你是如何应对的以及后来的感受。

这些详细的信息将帮助你了解到自己在不同情况下的压力和焦虑水平，以及它们是如何变化的；还会帮助你认识到自己什么时候特别脆弱或不那么脆弱。余下的信息会让你反思自己的应对手段，了解什么对你有效，什么对你无效；因为在自省“我做了什么”时，你首先会注意到自己是如何应对焦虑的，然后就是痛苦程度的变化。

这似乎涉及大量的信息记录，但了解自己确实是克服焦虑的关键所在。你越了解自己的障碍，就越能处理好它们。你不需要一直保持详细的记录，但最好坚持一到两周（你可以在后文中找到一些日记模板）。然后回顾这些记录，你应该发现自己可以回答以下问题：

- 什么事情或情况会引发我的痛苦？
- 什么情况对我来说比较容易？什么情况比较困难？
- 我的身体感觉和问题想法都是什么？
- 当我沮丧的时候我会做什么？
- 什么能帮助我应对自己的痛苦，什么又会让它变得更糟？

“什么能帮助我应对自己的痛苦”是一个特别重要的问题，因为你必须区分哪些应对策略从长远来看对你有帮助和好处；哪些策略可能会让你在短期内感觉更好，但随着时间的推移不再有帮助。我们已经讨论过寻求安慰、回避和逃离如何在短期内缓解压力，但我们也看到，这些行为迟早都会摧毁信心。有些应对方式一开始可能效果不错，但最终只会对你不利，你需要额外注意这类方式。

为了帮助你了解如何使用这种日记，我接下来会列举三个例子：一号日记（a）～（c）。这些记录分别来自犬恐惧症患者“一号（a)”、社交恐惧症患者“一号（b)”和强迫症患者“一号（c)”。当然，你的经历对你来说是独一无二的，也许和这些例子完全不同，但这里的重点在于了解这种日记是如何使用的。随着时间的推移，你可以使用更简单的版本来监控自己的进度。

进阶：开始了解你的应对技巧

我以为我知道如何应对工作中的压力——随便吃点巧克力棒，我就感觉好多了。但写日记让我意识到，这种做法不会长久奏效的。很快我又在日记最后一栏里添加了一段话，写着我仍然压力很大，现在是担心吃太多，我变得既焦虑又痛苦！这种应对的把戏对我不起作用。

尽管做出这个决定很艰难，我还是去看了牙医。当时真的是太可怕了，我就坐在候诊室里，紧张极了。有人叫我去做检查时，我差点就跑了，但我还是强迫自己做了检查。做完之后我感觉很棒！一开始我并不想写日记，我担心这会让我变得很沮丧，但写出来以后，我才发现原来自己取得了一个这么大的进步。尽管一度感觉不好，但我付出的努力是值得的，做的事情也是对的。

这两个例子表明，你日记的最后一栏可以帮助你认识到究竟什么方法是真正适合你的。直接丢弃那些显然无益的策略，你需要考虑的是自己那些“仅限短期”和“长期”的应对方法。

一号日记

地点和时间？	我感觉如何？	它是什么感觉？	我做了什么？
我什么时候感到焦虑？我在哪里，在做什么？	我感觉到了什么情绪？它们有多强烈？ 1（平静）～ 10（可能是最糟糕的）	我身体感觉如何？我脑海中有什么想法或意象？	我是如何应对的？我这么做以后是什么感觉？ 1（平静）～ 10（可能是最糟糕的感觉）

一号日记（a）犬恐惧症

地点和时间？	我感觉如何？	它是什么感觉？	我做了什么？
我什么时候感到焦虑？我在哪里，在做什么？	我感觉到了什么情绪？它们有多强烈？ 1（平静）～10（可能是最糟糕的）	我身体感觉如何？我脑海中有什么想法或画面？	我是如何应对的？我这么做以后是什么感觉？ 1（平静）～10（可能是最糟糕的感觉）
周六：走在镇上，眼角余光看到一只狗	焦虑（情绪：8）	我有点发抖，感觉有点恶心。如果它跑过来攻击我们怎么办？它可能会伤害孩子们。如果这一幕发生了，我根本无法应对。	我带着孩子们进了一家咖啡馆，在那里待了半个小时。（情绪：3）。我对自己的应对方式感到很失望，当我们不得不离开咖啡馆时，我变得非常焦虑。
周六：离开咖啡馆	焦虑（情绪：7）	我颤抖着，忐忑不安。如果狗还在那儿怎么办？我们可能会有危险。	我很快地把孩子们领到停车场，没有光顾路上的任何商店，只想尽快回到车上。（情绪：7）
周三：杰德建议我们周末去公园	恐惧（情绪：6）	我浑身颤抖，非常紧张。公园里到处都是狗，它们在不受约束地跑动！这是一个危险的地方，我无法克服我的恐惧。光是想想就很可怕。	我和杰德聊了聊我的恐惧。她说她能理解，建议我们去别的地方走走。（情绪：3）

一号日记（b）社交焦虑

地点和时间？	我感觉如何？	它是什么感觉？	我做了什么？
我什么时候感到焦虑？我在哪里，在做什么？	我感觉到了什么情绪？它们有多强烈？ 1（平静）～10（可能是最糟糕的）	我身体感觉如何？我脑海中有什么想法或画面？	我是如何应对的？我这么做以后是什么感觉？ 1（平静）～10（可能是最糟糕的感觉）
周三上班：会上必须发言	恐惧（情绪：8）	感觉身体发麻，喉咙干燥，浑身发热。我做不到的。我会语无伦次，然后所有人都会发现我很愚蠢。他们都会看着我。我会很丢脸的。	我说了必须要说的话，一直没有直视任何人；而且匆匆离开时没有跟任何人打招呼。我还是很紧张。（情绪：5）
周三晚上在家	焦虑（情绪：7）	紧张，焦虑不安。脑子一堆乱七八糟的想法，全是关于我把报告搞砸了。我回想着当时非常尴尬的场面。	我喝了几杯酒。（情绪：2）
周日晚上：在安东尼和凯特家吃晚餐	焦虑（情绪：8）	紧张，害羞，喉咙干燥，脸红。我不认识那对夫妇，不知道该对他们说什么。他们一定认为我是个傻瓜。我看起来肯定就像个傻瓜——我脸红了。	我喝酒是为了让自己镇静下来，但这只会让我说话更没条理。我仍然感到不自在。（情绪：6）

一号日记（c）强迫症

地点和时间？	我感觉如何？	它是什么感觉？	我做了什么？
我什么时候感到焦虑？我在哪里，在做什么？	我感觉到了什么情绪？它们有多强烈？ 1（平静）～10（可能是最糟糕的）	我身体感觉如何？我脑海中有什么想法或画面？	我是如何应对的？我这么做以后是什么感觉？ 1（平静）～10（可能是最糟糕的感觉）
在家，正要离开房子	恐惧（情绪：9）	紧张，呼吸急促。如果我不确认所有的电器都断电的话，房子是有可能着火的。我可承受不起这种倒大霉的事情，也负担不了相关费用。我很担心，仿佛能看到房子着火的画面。	回去了九次（上班还迟到了）。我还是担心，（情绪：8），所以我打电话给一个朋友，让他开车到我家帮我检查一下。（情绪：4）
在商店里替休假的西玛记账	担忧和焦虑（情绪：8）	紧张，焦虑不安。我必须得把这件事情做好。我必须不断检查。万一我搞砸了怎么办？我会给店主惹麻烦的，然后他们就会知道这都是我的错。	又仔细检查了两遍数据，然后告诉自己，是西玛的老板同意我做这份工作的，所以如果我犯了错，他也要承担部分责任。（情绪：4）

- **“仅限短期”的策略**能立即缓解压力，但如果你继续依赖它们，比如服用镇静剂或饮酒，回避困境或斥责自己，效果就会适得其反。如果“短期”策略能为你赢得时间，让你把“长期”策略付诸行动，或者“短期”策略是计划好的终极手段，那么它就是有用的。
- **“长期”策略**会帮助你建立信心，是克服焦虑的真正基础。无论是从短期还是从长期来看，它们都是有益的。然而，它们的影响可能不像一些“仅限短期”的策略那么直接，因此我们需要变得更加自律，才能将其付诸行动。在下面的例子中，哈里的“长期”策略是体育锻炼，以及探讨自身的问题。其他“长期”应对技巧可能包括瑜伽练习、制订计划和解决问题，或者以一种舒缓、积极的方式进行自我对话。

一旦你熟悉了自己的短期和长期策略，不要认为你必须放弃所有的短期解决方案——这样的前景反而会令人担忧。相反，你应该思考如何将它们混合搭配起来，这样你就能在建立起自信的同时越来越少地使用短期策略。哈里是一位状态非常紧绷的店主，他的故事可以向你展示如何将短期和长期应对策略成功地结合起来。

哈里下班回家以后，经常感觉压力非常大，完全静不下心来。一般情况下，他会通过跑步来放松，如果不行的话，他就会在家里做一些体力活（这两种策略都是很好的长期策略）。如果他没法跑步或者忙不过来，他就会向妻子倾诉自己的压力；如果妻子不在，他会给朋友打电话（这也是一种很好的长期方法）。有一次，他正准备去跑步，却发现自己压力太大，身体过分紧绷，以至于根本不想运动——他过于焦躁不安了。不过，反正外面已经开始下雨了。不巧的是，他的妻子不在家，朋友也没有接电话。于是他决定动用自己的“终极手段”，朝厨房走去，他在那里囤了一些品质不错的巧克力。他吃了一些，就在电视机前坐下来。哈里将其视为“终极手段”是因为他希望自己到家时，能够放松下来，和家人一起做些事情——帮孩子们做功课，带女儿去上音乐课，等等。他并不想彻底冷静下来，那样他就会没有足够的能量陪伴家人（他通常将巧克力和电视这种让他彻底冷静的方法保留在上床睡觉之前）。显然，如果哈里一整晚都在暴饮暴食，或者因为压力经常暴饮暴食，那么对他来说，这种安慰性饮食只会是一个无益的策略。然而这次，得益于那些巧克力，他很快就放松了下来，从而拥有足够的精力和注意力去跑步。他的“终极手段”急他所需，帮他释放了压力，这样他就可以去做自己一开始就想要做的事情。

理查德的情况则截然不同，他没有把握好平衡，所以短期策略对他来说反而是不利的：

理查德回到家后，仍然觉得太紧张了，没法像往常一样去跑步，于是给自己倒了一大杯酒放松一下。他希望这样可以缓解他的紧张情绪，然后他就可以继续做那天晚上需要做的其他事情了。他确实设法放松了下来，但是有点放松过头了，以至于他开始犯困，还有点醉了。孩子们想让理查德帮他们做作业，他却没有真正帮上什么忙，当然也没办法理清第二天需要提交的账目。过度的短期应对策略使理查德什么都做不了。所以这种“终极手段”策略对他来说效果不太好，他的孩子没有得到爸爸的帮助，他也没有完成自己的工作。所以第二天一大早，他的压力就很大。

写完日记，你还需要对它们进行研究，找出最适合你的策略，这样才不会落入理查德遇到的陷阱。列举出你的“仅限短期策略”和“长期策略”是很有用的，这样你就可以在有压力的情况下寻求参考。你可以使用下面的表 1。

表 1　应对技巧

我的应对方式		
长期	仅限短期	绝对终极的手段

关于应对压力的最后一点提示是关于刺激物的使用。当你试图应对时，特别重要的是尽量不要诉诸酒精和尼古丁等物质，或含有咖啡因的食物和饮料，如巧克力、巧克力饮料、咖啡、能量饮料、可乐或茶。在短期内，这些东西确实可以让你愉快地分散注意力，但一旦咖啡因或尼古丁进入人体系统，就会增加不愉快的身体症状，让你更难管理自身的压力。酒精具有欺骗性，因为它在短期内能让人放松，但酒精的分解产物（代谢物）是刺激物，因此一旦被身体处理（代谢）后，你会发现自己比以往任何时候都更紧张。而且，如果你喝得太多，就会宿醉，几乎可以肯定的是这会进一步阻碍你的应对。所以当你有压力时，试着摄入去咖啡因或不含咖啡因的饮料和食物，同时减少吸烟和饮酒。

利用日记捕捉持续性循环

我希望你已经被我说服了，明白了日记的重要性。当你焦虑的时候，日记会告诉你最困扰你的问题是什么，以及让这些问题持续下去的原因，且后者尤为重要。你真的需要研究这些模式和恶性循环。你可能还记得，控制焦虑的关键是打破维持焦虑的模式，所以去翻翻自己的日记，找出问题的答案吧：你的痛苦循环是由身体感觉引起的，还是由担忧的想法或意象，或逃避，或缺乏社交信心，或缺乏计划能力导致的？持续性循环会为你指明下一步的正确方向——创建个人管理计划。如果你需要回顾一下问题的持续方式，可以查看第一部分的第 2 章内容。

当你确定了自己的持续性循环后，你就可以将本书第三部分中的自助技巧与你的特殊需求联系起来。例如，你的问题是由身体不适导致的吗？如果是这样的话，你就需要特别留意控制身体感觉的技巧，特别是当你发现自己在压力下会过度呼吸的时候。如果担忧的想法或意象是你压力的主要来源，就要确保自己学好分散注意力和检验想法的技巧。如果你发现自己的主要障碍源于逃避和缺乏自信，那就制订计划，为分级练习做准备。如果你恐惧与人交流，就把自信训练作为个人计划的一部分。我相信你已经明白要领了，但是下方的表 2 还是为你总结了一些选项。

表 2　创建你的个人计划

应对策略	我什么时候应该给予其特别关注？
自我监控 写日记	需要贯穿在整个计划当中。这会让你对自己的需求有一个准确的认识，同时可以记录你的进展。
控制身体感觉的技巧	
呼吸控制法	如果你会惊恐发作，呼吸困难，头晕。把控制呼吸作为放松训练的一部分会是一个好主意。
应用放松	如果你有压力时身体会紧张或不适。这对解决睡眠问题也很有帮助。
控制心理症状的技巧	
分散注意力	如果你很难消除忧虑和脑海中让人心烦意乱的心理意象。这对控制恐慌也非常有用。
思想管理	如果分散注意力不足以控制你的担忧。如果你需要一种强大而持久的自我安慰方法。
处理问题行为的技巧	
逐步直面恐惧	如果你会逃避恐惧，就必须要重视这一点，因为直面恐惧是克服恐惧症或强迫症的唯一可靠方法。
解决问题的策略	如果你在压力下很难组织、理清自己的思维，无法制订计划。
自信训练	如果人际关系问题给你带来压力。
时间管理	如果你的压力管理因组织或委派不力而受到影响。
长期应对技巧	
规划	这对每个人来说都是计划的重要组成部分。
应对挫折	这一点至关重要，应在整个计划中予以关注。

本书系统地列出了不同的应对策略，所以你应该很容易找到自己所需的技巧。然而，尝试所有的策略也不失为一个好主意，因为你很可能需要结合使用其中的几种策略。话虽如此，还需要记住的是，我们每个人都有不同的需求、不同的能力，因此，要坚持为自己量身定制自助计划，以满足自己的需求，反映自己的现实目标。

小结

- 定期写日志、日记或做记录会帮助你发现：你的障碍的特点；是什么导致了你的问题；你自己的应对方式以及它们的有效性。
- 这是解决你问题的基础。
- 你的记录必须足够详细，以提供自己所需要的信息。

第8章

管理身体感觉（1）：呼吸控制法

之前我十分痛苦，胸口疼，四肢也疼。现在我意识到压力的影响其实会直接反馈在身体上，我学会了通过正确地呼吸来将身体上的不适感降至最低。以前我呼吸非常快，而这只会让我的情况变得更糟。现在我可以更从容地处理事情，慢慢地呼吸，压力大的时候也更放松了。我还是会有些不舒服，但都在可忍受的范围之内。

呼吸是自然而然发生的，我们都能做到，所以往往不会去考虑它。但这就像站立或行走一样，如果你不注意自己的姿势，最终可能会出现问题；如果你留意的话，就可以避免各种不适。在本书的第一部分中，我们讨论过压力下的呼吸变化方式——呼吸会变得急促，而且很浅，我们会吸入大量的氧气。你会发现自己在跑着赶公交或赶着赴约时上气不接下气——这是对劳累和压力完全正常的反应，被称为换气过度（hyperventilation）。

当我们紧张或做运动时，我们都会换气过度。在这种情况下，加快呼吸可以为我们的肌肉提供氧气，这样我们的身体就可以为行动做好准备，比如逃跑。

短时间内快速呼吸不是一个问题。事实上，跑着赶公交时，你的身体是需要额外的氧气的。但是，如果你继续过度呼吸，就会迫使过多的氧气进入血液，从而破坏体内脆弱的氧－二氧化碳平衡。你的身体就会触发不愉快的生理感觉，比如：

- 脸部、手或四肢刺痛
- 肌肉震颤和痉挛
- 头晕，视力模糊
- 呼吸困难
- 疲惫感
- 胸痛和胃痛

你不一定会出现所有这些症状，但即使只是其中一两种也会让你非常糟心。因此，它们往往会引发更多的焦虑，从而导致更多的换气过度：这是一个恶性循环。这种压力的循环有时还会导致惊恐发作。图 8-1 显示了这个简单但强大的反应循环是如何不断恶化的。

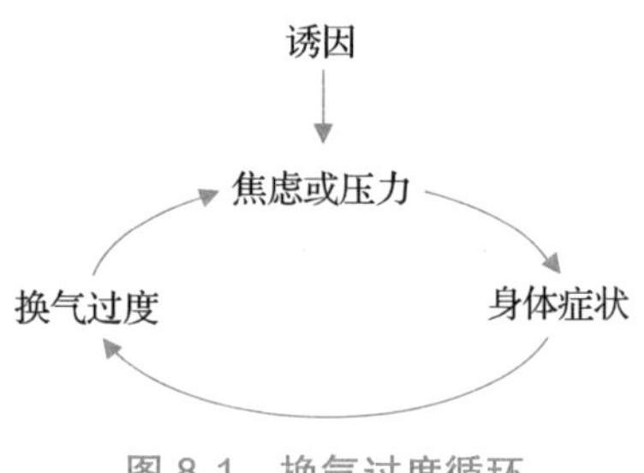

图 8-1 换气过度循环

到目前为止，这一切听起来可能都相当戏剧性——陷入恐慌循环本身就很戏剧性。好消息是，你可以通过掌握均匀呼吸的技巧，很容易地学会纠正过度呼吸，从而控制自己的症状。这意味着你要学习用鼻子轻轻地、均匀地呼吸，让空气完全充满肺部，然后缓慢而充分地呼气。下面是呼吸练习的一个概述，它将帮助你控制换气过度的症状，你会发现它真的很简单。关键在于你要非常熟练地使用这个技巧，这样你就可以在需要的时候直接切换到正确的呼吸模式，即便是在你感到压力很大的时候。

有规律地呼吸：如何进行

在开始练习之前，我要提及几个指导原则：

- 充分利用你的肺，避免仅靠胸腔呼吸。
- 顺畅呼吸，不要大口吸气或喘气。
- 当你第一次练习时，躺着做这个练习，这样你就能更好地感觉到浅呼吸和深呼吸之间的区别。随着练习的深入，你可以试着坐着练习，然后站着练习。最终你甚至可以边走边练习。
- 把一只手放在胸部，一只手放在腹部。
- 用鼻子吸气时，鼓起腹部。这意味着你正在充分利用你的肺。尽量把胸腔的动作控制在最低限度，并且动作要轻柔。
- 缓慢而均匀地用鼻子呼气。
- 重复这个动作，试着保持节奏。你的目标是每分钟呼吸 8 ～ 12 次：一吸一呼算作一次完整呼吸。一开始可能很难把握频率，所以可以练习在一个完整的呼吸循环中数 5 ～ 7 秒（即 1 次吸气和 1 次呼气）。
- 不要快速深呼吸。

呼吸控制法的实例：控制惊恐发作

第一次惊恐发作之后，我对身体的所有感觉都变得非常敏感，尤其是胸部。第一次发作的时候，胸口的疼痛让我确信自己心脏病发作了。这种恐惧一直伴随着我，尽管我的医生告诉我，我的心脏很健康，而且我们所有人都会时不时地遭受疼痛和痛苦。听了他的话，在诊疗室的我确实安心了，但当我再次感到胸痛时，我又开始恐慌了。我回去找他，他又尝试了别的方法。他解释说，当我们受到惊吓时，呼吸都会加快，而这会导致胸痛。他认为，胸痛让我更害怕，所以我呼吸得更快。我并不相信他的话。于是他在诊疗室对我做了一个测试，这让我意识到两件事：

1. 我呼吸的方式确实影响了我的感觉。

2. 我可以控制自己的症状。

首先，他教我如何缓慢而均匀地呼吸。然后，他让我开始大口喘气（换气过度）。那真是让我大开眼界。在开始喘气的几秒钟内，我开始感到胸痛和头晕，确实就像“心脏病发作了”一样。接着，他开始教我控制呼吸的方法，我的头晕消失了，胸痛也减轻了。他让我再做一遍这个练习，这次我似乎可以控制这些症状了。

从那以后，我更加自信了；而且我发现，每当我感到焦虑和不舒服时，我都可以直接选择改变自己的呼吸节奏，这会让我更舒服，也会减少我的恐惧。我控制住了局面。医生告诉我要在平日里坚持练习这种有规律的呼吸，这样它就会成为一种习惯。我发现浴室的环境很舒适，很安静，所以每次我去那里的时候，都会花 2 分钟做呼吸练习。这真的很让人放松，我每天都练习好几次。随着时间的推移，我越来越擅于控制这些感觉，它们对我的困扰也越来越少。

使用呼吸控制法时出现的困难

在尝试本书中的应对策略时，出现一些“小故障”很正常。当你试图控制自己的呼吸时，也很可能出现这种情况，所以我在下面列出了一些常见的困难及其解决方法。

无法自然舒适地呼吸

刚开始的时候，你可能无法自然而然地进行顺畅、规律的呼吸，可能会感到别扭和不舒服。你可能会觉得你没有获得足够的空气，或者空气并没有真正充满你的肺。所有这些感受都很常见。然而，通过练习，你会发现这种慢速呼吸变得越来越容易，其实也很舒服。通常，你需要做的就是给自己时间来培养这个技巧。如果你仍然觉得自己不能充分地吸气，那就从尽可能多地呼气开始。这样，你就能排空肺部的气体，这之后的第一次吸气应该会是缓和而舒适的。

在练习过程中感觉很奇怪

你可能对身体感觉相当敏感，而现在你正在尝试一些影响身体感觉的新东西。你一定会意识到，控制呼吸法确实会带来一些新感觉，即使只是轻微的身体变化。这些变化并没有害处，只是对你来说很新鲜。试着对新感觉保持好奇，观察它们，看看如果你接受了它们并继续练习会发生什么。

忘记练习

这可能是最常见的问题，但我再怎么强调随时练习的重要性都不过分——要知道，你正在努力培养一个新习惯，而且它只能通过反复练习来实现。为了帮助你练习，试着使用各种提醒功能：手机上的定时闹钟，日历上的彩色标记，或者任何你知道会不时吸引自己注意力的东西。有些人每天都会时不时地看手表，所以在表上做一点醒目的记号也许会很有用（我用了一小滴指甲油）。

可以肯定的是，随着技能的提升，你会发现自己对呼吸的控制越来越轻松，无论在什么时候，只要你需要；甚至当你的呼吸开始变得太快时，纠正呼吸也会作为一种习惯自然而然地发生。

小结

- 压力和焦虑会使我们换气过度，但这并不罕见。
- 然而，如果我们被换气过度的影响吓到的话，压力和焦虑可能会加剧。
- 只要学会有规律、有控制地呼吸，就能对抗换气过度，但这需要练习。

第9章

管理身体感觉（2）：应用放松

当我开始有规律地做放松训练时，紧张和恐慌的情绪就减轻了。起初，我做得不够频繁，也没有得到多少好处。然后我下定决心，付出真正的努力，于是得到了相应的回报。令我惊讶的是，我发现自己不单在精神上得到了放松，身体上也是如此，我现在充满希望，觉得自己可以学会控制焦虑了。现在我可以很快让自己放松下来，还可以轻松“切断”自己曾为之困扰的、各种情况下的紧张情绪。

在压力下，我们的肌肉会紧张：这是正常的。然而，如果压力被夸大或持续时间太久，肌肉紧张就会引起各种不适感。我们全身都有肌肉，所以身体的任何部位几乎都能产生与紧张有关的疼痛。当然，如下感觉不是每个人都有，但相当普遍：

- 脖子发僵
- 肩痛
- 胸闷
- 呼吸困难

- 颤抖
- 反胃
- 吞咽困难
- 视力模糊
- 背痛

当然，当这些感觉强烈到令人痛苦时，它们会进一步引发紧张，于是我们的宿敌——恶性循环就又形成了。

控制身体紧张最有效的方法是学会放松自己对紧张的反应：在我们需要的时候“应用”放松。这说起来容易，做起来难。这种放松不像坐在电视机前或有个爱好那么简单（尽管这些娱乐活动也很重要）；学习应用放松意味着培养一种可以随时减少身体紧张的技能。随着时间的推移，你会越来越有信心在各种情况下减轻自己的焦虑和紧张——实际上，你将拥有的是一种便携式技能，可以在任何需要的时候使用。更妙的是，当你的身体摆脱紧张时，你会发现你的大脑也趋于放松。总之，花点时间学会放松是值得的。

不过，这确实需要时间。随意放松的能力只有通过练习、练习、再练习才能实现。掌握这项技能最有效的方法之一就是进行一系列结构化的练习，比如后文中列出的四种练习。这些都是为了帮助你一步一步地学会放松。前两种练习占用的日常时间相当长，在这种情况下，录制引导词可能会很有用。

你可以按照本书附录 B 中的放松训练脚本制作自己的引导词录音。一定要使用缓慢、温和的声音，这样才更有利于自己放松。反之，厉声说出有效的引导词并不能宽慰人心。

放松的通用指南

你不可能在放松的同时阅读引导词，所以首先要熟悉所有的训练。你会发现这些练习的时间变得越来越短，知道这一点后，你可能会感觉好一些！一旦熟悉了这些训练，你就可以按部就班地开始了。当可以完成第一个放松训练时，你就继续做第二个训练；当你掌握了第二个训练，就开始做第三个。到了第四个训练的时候，你就可以学习一个非常简短、快速的放松方法，而且它会很容易融入你的日常生活。学习一系列训练的整个过程应该循序渐进，可能要几个星期。当然，所需的时间因人而异，所以不要担心自己进展得不够快，这种担忧只会让你更紧张，而且你不要急于求成。在你练习结束后感到完全放松的时候，再开始下一个训练。

在开始之前，先留意以下几个“诀窍”。

- 规划你的练习。试着养成习惯，做例行训练，每天的训练都尽量在同一时间开始。只有这样你才更有可能坚持下去。
- 经常练习，每天至少两次。你练习得越多，就越容易随心所欲地进行放松，这就是你的目标。
- 选择正确的地方：在安静的地方练习，这样你就不会被打扰。而且这个地方一定不要太热或太冷。给自己创造最好的条件来放松。
- 选择合适的时间：感觉很累、很饿或者很饱的时候，都不要进行放松训练。在这些情况下你很难放松下来。
- 让自己舒服自在：当你第一次尝试放松时，要找到舒适的姿势，穿上舒适的衣服。一开始你可能会躺着做练习，但之后你就可以坐着甚至站着放松了。
- 进入正确的心态：试着采取一种“消极的态度”。这意味着不要担心自己的表现，就只是试一试而已。保持一定的好奇心，看看练习的进展如何；不要评判自己。
- 呼吸！在放松训练中不要屏住呼吸或过度呼吸，这点非常重要；否则你只会感觉更糟，而不是更好。记住用鼻子呼吸，让空气完全充满肺部，直到腹部有伸展的感觉。保持一个缓慢而有规律的节奏。在你开始放松训练之前，最好掌握控制呼吸的窍门（见第8章），以确保自己的呼吸方式是有帮助的，不会对练习造成妨碍。

- 记录你的进度。用二号日记这样的表格记录你的进度。你会发现自己每天都有一定的变化（因为我们的紧张程度会有起伏），但通过这种日常记录，你会看到其中的规律，找到特定的模式，然后你就能知道是什么让自己更容易或更难放松。你越了解自己身体的紧张情况，就越能控制它们。
- 练习！这一点我已经强调很多次了，估计你都已经预测到了这个最后的“诀窍”。练习会提高你的技能，这是无可回避的事实。

放松训练

让我们进入训练。放松训练主要有四种：

- 加长版放松（lengthy relaxation，LR）
- 缩短版放松（shortened relaxation）
- 简易放松（simple relaxation）
- 应用放松（applied relaxation）

你会发现第一个训练需要花费大量的时间和精力，但这是值得的。你在这个训练中所学的技能会是简易放松和应用放松的基础，它会在你在需要的时候发挥作用，消除你的紧张。

加长版放松

加长版放松基于埃德蒙·雅各布森（Edmund Jacobsen）在 20 世纪 30 年代设计的一套非常完善的放松训练，你完全可以放心使用，因为它已经久经时间的考验了。雅各布森的目标是制订一个系统性计划，帮助病人实现深层次的放松。他的方案是一系列“先紧张后放松”的训练，重点集中在身体的几个主要肌肉群上。除了放松以外，这种方法还有一个好处，就是帮助我们学习区分紧张和放松的肌肉。有时我们会变得太习惯于紧张，以至于都没有意识到自己在紧张。这些训练有助于我们认识到自己什么时候会紧张，并相应地进行放松。

二号日记：放松日记

地点和时间？	练习前感觉如何？	我做了什么练习？	练习后感觉如何？	备注
记录时间和地点	你有多放松？ 1（一点也不放松）～10（深度放松）		你有多放松？ 1（一点也不放松）～10（深度放松）	你在练习中注意到了什么？练习效果如何？

你在每个训练阶段都会使用的基本动作如下：

- 绷紧你的肌肉，但不要过度。集中精力感受肌肉的紧张。
- 保持这个姿势 5 秒钟，然后放松 10 ～ 15 秒。
- 集中精力感受肌肉的放松。注意肌肉紧张和放松之间的区别。

LR 要求你感受全身的不同肌肉群，所以这确实是一个非常彻底的训练。在四个训练阶段的练习过程中，缓慢而有规律地呼吸十分重要。当你决定好在什么地点、什么时间进行训练后，就让自己放松下来，尽可能舒适自在，然后开始关注身体的各个部位，如下所示：

双脚	扳脚趾，让双脚的肌肉都绷紧。放松。重复。
双腿	伸直双腿，脚趾回勾。放松，让腿上不着力。重复。
腹部	腹部内收，收紧你的腹部肌肉（就像要准备挨一拳一样）。放松。重复。
背部	背部拱起。放松。重复。
肩膀和颈部	耸起你的肩膀，内收。仰头。放松。重复。
双臂	伸直你的手臂和手。放松。垂下手臂。重复。
面部	绷紧你的前额和下巴。放松眉心，做出咬东西的姿势。放松。重复。
全身	绷紧你的整个身体：脚，腿，腹部，背部，肩膀和手臂，颈部和面部。保持紧张几秒钟。放松。重复。

我们中的一些人在例行训练结束时仍然会感到紧张，如果你遇到了这种情况，那就再练习一遍。如果你只是身体的某个部位感到紧张，就重复训练相应的部位。如果紧绷和专注于某些肌肉群确实让你感到不舒服或痛苦，那就暂时跳过，等你有了更多的自信和放松技巧后再回到这一组。重要的是不要过于担心自己的表现。

当你完成训练并感到放松时，花点时间放松一下你的大脑。想一些利于休息的事情：任何对你有用的场景或画面。用你的鼻子慢慢地呼吸，尽可能地让空气充满你的肺。持续 1 ～ 2 分钟，然后睁开眼睛。不要直接站起来；当你准备好的时候，再慢慢地挪动，并轻柔地伸展你的身体。此刻你的感觉会很好。

LR 应该每天练习两次，直到你在训练结束后感觉完全放松为止。然后你就可以继续进行缩短版放松以及调整版 LR。记住，学习放松是需要时间的。给自己一个机会，不要急于求成。正如我们前面所说，有些人发现，如果他们将引导词录下来进行播放，就会更容易坚持这个练习；所以你可以通过阅读本书附录 B 中的引导词脚本来制作自己的录音。一定要慢慢地、温柔地说话，你的目的是让自己平静下来。

LR 实例：管理睡眠问题

我的睡眠从来都称不上有多好，通常需要一段时间才能入睡，生病以后情况就更糟糕了。过去让我睡不着的一个念头就是“我感觉太不舒服了，估计今晚是睡不着觉了”，紧接着我就会开始想：“也许我又病了！”这些想法和身体上的不适让我几个小时都保持清醒。不用说，第二天我会觉得很累，而且疼痛会更严重。

我的医生解释说，疼痛和担忧是会相互加剧的，而这导致了我的失眠。她接着说，如果我学会在睡前放松，就可以摆脱这种恶性循环。她教会我一种放松训练，其中包括系统性地放松我的肌肉，还给了我一份可以在家里播放的引导语录音。然后我每天都会进行一到两次放松训练。这并不难，而且能减轻我白天的疼痛。我很快就熟悉了这种训练，也能在睡前使用它了。我没有纠结于身体的不适，而是专注于放松我的身体，基本上在完成训练前就睡着了！这样我醒来后就能更好地应对第二天的压力，如果我在白天感觉到了疼痛，我就会坐在椅子上做放松训练。它真的帮了我的大忙。

LR 实例：管理身体疼痛

撞车后，我受了重伤：脚踝和肩膀骨折，背部受伤，颈椎扭伤。我还头疼了好几个星期，真的非常疼。我的脚踝做了几次手术，尽管如此，它仍然很疼。我走路也走不好，我很生气，觉得自己实在是太狼狈了。几个月后，我全身上下还在疼，头痛也不断复发。我去看了医生，她告诉我，我这么紧张也许是因为我对车祸的记忆以及对自己的愤怒，这两点造成了我的全身疼痛。我不喜欢她的说法，好像是在告诉我这一切都只是发生在我的脑海里一样，我告诉她我的痛苦是真实存在的，是身体上的。她安慰我说，她不是在暗示我的疼痛是想象出来的。接着她解释说，肌肉非常紧张的人都会经历这种真实的疼痛。她认为解决办法是帮助我学会放松肌肉。这对我来说是一个挑战，因为我确实有疼痛的根据（我的脚踝），但她认为我可以学会控制这种疼痛。她给了我一段加长版放松训练的录音，并告诉我如何练习。不得不说，它是有帮助的——我学会了识别肌肉紧张的早期迹象，变得擅于顺其自然和放松，头痛也消失了。有一部分训练内容我做不到：我无法让我的双脚紧张和放松，因为我的脚实在是疼得厉害。我的医生说我应该跳过那部分，集中精力训练身体的其他部位。这很管用。现在，我经常在疼痛中醒来，所以我的一天会从训练开始，它缓解了所有的紧张，甚至脚踝的疼痛。我本来希望我的脚能够做到紧张和放松，但这实在是太痛苦了。然而，让身体的其他部位放松某种程度上也可以减轻我脚踝的疼痛。现在我已经接受了这一事实：如果我保持放松，不去关注我的脚踝，我还是可以应对自如的。

缩短版放松

一旦你掌握了 LR，你就可以跳过“紧张”阶段，从而缩短放松的时间。还是按照熟悉的顺序进行，但一次只放松（不要紧张）一组肌肉群。当你能有效地做到这一点时，你就可以进入下一个阶段，即对例行训练进行调整，以便可以在其他时间和地点进行训练。例如，你可以试着坐着训练，而不是躺着；或者你可以从安静的卧室挪到不太安静的客厅。通过这种方式，你可以学会在不同的地方放松，而这正是你在现实生活中所需要的。

简易放松

这是一个更简短的训练，当你更有经验、更容易进入放松状态时，就可以做这个练习了。它基于心脏病学家赫伯特·本森（Herbert Benson）在20世纪70年代研发的一种训练方法。本森最初只是想帮助他的心脏病患者减轻压力水平，但这种训练现在已经成为一种普遍有用的放松技巧。根据要求，你需要找到一个利于放松的“心理装置”，以便在例行训练中使用。这意味着你需要找到一个会让自己觉得放松的词语、声音或意象。你可以用“平静”这个词，也可以用大海的声音，或者用一个让人感觉舒缓的物体图片——也许是一幅你喜欢的图画或一件装饰品，或者是一个你觉得平静的场景，比如安静的乡村或无人的海滩。它不必复杂，有时简单的就是最好的。

当你找到对你来说最有效的方法后，请遵循以下指示：

- 找到一个舒适的坐姿，闭上眼睛。想象你的身体越来越重，越来越放松。
- 用鼻子呼吸，吸气时要意识到自己正在吸气。当你呼气时，想象你的心理意象，同时轻松自然地呼吸。
- 不要担心自己是否擅长这种训练，只需放下紧张情绪，按照自己的节奏放松。你的脑海中可能会出现一些想法来分散你的注意力，不要担心，也不要纠结，只要回想你的心理意象或你的呼吸模式。
- 你可以一直保持这种状态，直到感觉放松为止。这可能需要2分钟，也可能是20分钟：完成训练的标准是你感到放松。做完后，闭上眼睛安静地坐一会儿，然后睁开眼睛坐着。不要太快站起来或者四下走动。

由于这是一个简短的训练，与前面的相比，你可以更频繁地进行练习。你可以每小时做1～2分钟；也可以在喝咖啡、吃午餐和茶歇时间做，甚至在约会间隙；如果你长时间开车，感觉有压力，还可以在每个服务站做一下。选择是无穷无尽的，你能做的最有用的事情就是找到一个符合你生活方式的、有规律的例行训练。

简易放松实例：管理担忧和不适

我的家人总是说我的问题出在我从来没有放松过，这就是为什么我总是感到紧张和身体不适。实际上我并不知道该如何放松。我尝试过看书或看电视，但我总是会想到一些糟心的或无关紧要的事情，很快就会变得紧张和不舒服。后来，我学会了一种简易的放松训练。它让我开始关注一些积极的东西，也缓解了过去总是困扰我的那些疼痛。

我每天都会在规律的间歇时间里空出几分钟，坐下来，集中注意力，平缓地呼吸，然后想象一个安抚人心的场景。我的第一个选择效果不太好，那是一个热带海滩，我想象自己躺在阳光下，听着大海的声音。但是我这个人其实非常活跃，不太喜欢待在一个地方不动，所以这个场景实际上已经开始让我不高兴了！我的下一个选择成功了。我想起了在今年早些时候参观过的一个规则式园林——我很喜欢它。所以，我想象自己在园林中漫步，观赏着所有的树木、灌木和花朵，嗅着玫瑰的芬芳，肩上也洒满阳光。我还设法找到了一张园林的明信片，它让我脑海里的画面更加生动了。

我每天都会做三到四次这样的训练——在我完成了一项任务，开始做下一项任务之前。这感觉真是太棒了：我的大脑不再那么紧张，身体上的疼痛也基本消失了，当然也就没有那么担忧了。我甚至发现，如果我在白天放松的话，就会有更多的精力。有时我会感到担心或疼痛，也会感到惊慌，但我会以此作为需要放松的信号。到目前为止，我身体上的不适消失了，担忧也变得可以控制了。

提示性放松

到现在为止，你已经熟悉了三种放松训练，如果你一直练习，就会越来越擅长放松。一旦掌握了前三种训练方式，你就可以开始在一天的任意时间里，而不仅仅是在自己指定的“放松时间”使用你的放松技巧。这样，你就能够越来越随心所欲地放松。首先，你需要学习如何“提示出现就放松”，这种提示性放松需要的只是一些能吸引你眼球的东西，然后它会进一步提醒你做到以下几点：

- 肩膀下沉
- 放松你身体的肌肉
- 检查你的呼吸
- 放松

作为提示或提醒，你可以选择每天经常会留意的一些东西，比如你的手表，办公室的时钟，你的日记。每次你看到这些提示物，就会意识到自己要进行放松了，而且会一天进行几次放松技巧练习。

应用放松——终曲

放松训练的最后一个阶段就是学会根据需要随时随地将其付诸实践，把压力本身作为行动的提示。要做到这一点，你就需要在日常活动中进行尝试。如果可能的话，从一些压力不太大的场景开始，然后随着你的技能和信心的提高，逐渐尝试更有挑战性的场景。随着时间的推移，经过有规律的练习后，放松将成为一种生活方式，你会发现自己可以在任何需要的时候放松。当然，你一定还会时不时地继续经历一些紧张，这是正常的，但现在你会更容易意识到它，也有能力控制它。

应用放松实例：在公共场合保持冷静

我在别人面前总是很害羞，很紧张，一直都是这样。在公共场合我也会绷紧神经，不能正常思考。我通常无法享受或者完成自己想做的事情。最近我学会了如何放松，可以进入一种相当不错的“冰冻”状态，让身体和大脑都平静下来。我知道自己必须在现实生活中使用这种能力，但老实说，我对此感到非常害怕。我妈妈帮了我很大的一个忙，她说，我不必一上来就挑战“地狱模式”。她让我把所有困难的情况都列出来，然后选择那些不太吓人的，她说我应该从那些轻松一些的挑战开始。所以我决定先和朋友们共进午餐。果不其然，当我坐在咖啡厅里等他们的时候，觉得自己越来越紧张。所以我开始放松地靠坐在椅子上，肩膀也慢慢沉了下来。我留意了一下自己的呼吸，是正常、均匀的，然后我告诉自己：“没事的，你看，你知道该如何放松。”当我的朋友们出现时，我感觉自己已经平静了下来，状态还不错。接下来，我将自己置于一个更具挑战性的环境中，主动带着一位访客参观了我们的部门——我又一次克服了紧张情绪。接下来，我打算去商店退东西，在那儿尝试一下我的应用放松技巧。

在这一章中，你知道了放松是一种技能，因此需要时间来培养它。不要吝啬你的努力，好好学习如何正确地放松。放松训练就像是学习弹钢琴，你可以从费力但必要的音阶（加长版放松）开始，然后逐渐过渡到琶音（缩短版放松）。以此为基础，你将能够弹出简单的曲调（简易放松）并逐渐弹奏复杂的音乐（提示性放松）。只有经过大量的练习，你才能坐在钢琴前自如地演奏（应用放松）。如果没有完成早期的训练，你就不能驾轻就熟地弹钢琴；如果没有做好基础工作，你就不能在需要的时候进行放松。

应用放松实例：管理担忧

心理医生认为我患上了广泛性焦虑症，这个诊断给我带来了一定的帮助，但我仍然被担忧和紧张所困扰。她解释说，控制我的问题需要时间，她会先教我如何放松身心。我记得我当时在想，我已经尽了一切努力来放松自己了，她教不了我什么新东西。我告诉她，我租过一些温馨的、娱乐性很强的光碟，我会和朋友出去吃饭，还参加了普拉提课。她解释说，她要教我另一种放松方法，这样我就可以把它加入我原本的放松事项清单当中。她的方法有别于我做过的其他活动，需要我单独进行训练，并专注于自己的身体和感觉。刚开始的时候我很难进入状态，尤其是早期的训练需要15～20分钟，老实说，它们有点无聊。如果医生没有强调练习的重要性，我想我很快就会放弃的。然而，训练的时间越来越短，我开始享受其中，也更有动力去练习了。尽管如此，我还是没想到它居然花了这么长时间——我用了几个星期的时间学习放松！

最终，我达到了能够调整自己紧张状态的阶段，能够放松肩膀，控制呼吸，清空心中的担忧了。相信我，这绝非易事。整个过程非常的艰苦，我好几次都要放弃了，但现在我很高兴自己坚持下来了，因为它真的改变了我感受事物的方式。我不再被悲观沮丧的感觉所困扰，因为我可以随时随地放松，摆脱那些情绪。

使用放松技巧时遇到的困难

如果你发现自己在进行放松训练时遇到了一些困难，不要担心，你不是唯一一个出现这种情况的人。以下是一些常见的障碍：

训练时的异样感觉

做一些尚未习惯的身体运动时有异样的感觉纯属正常。不要担心这一点（因为这样做只会让你更紧张）。我记得我的导师第一次带我们做放松训练时，我很紧张，也很烦躁，但现在我发现，能够放松下来是非常有效和宝贵的。你需要试着接受这样一个事实：在开始适应这些训练之前，你需要进行多次练习，然后你就会发现那些异样或恼人的感觉很快就会消失。此外，要确保自己在训练时没有换气过度，不要太快站起来四处走动，也不要在太饿或太饱的时候练习，因为所有这些行为都会引发不愉快的感觉。

抽筋

这可能会很痛苦，但绝对不算危险。你可以试着做几件事来减少痉挛的可能性：避免过于用力地绷紧肌肉，尤其是不要过度绷直脚趾；在肌肉很僵硬的时候，尽量不要进行训练；在温暖的房间里练习。万一你抽筋了，可以轻揉受影响的肌肉来缓解疼痛，然后休息一下。你可以稍后再做练习。

入睡

有时候这并不是一个问题，反而会是你所希望的。但是如果你不想睡着，你可以尝试坐姿而不是躺着；你可以设定一个不容易觉得累的训练时间；你可以手里拿个东西（不易碎的），万一打瞌睡了，它掉在地上就会让你清醒过来。

干扰和担忧的想法

人类的大脑已经进化到我们可以进行创意思考、产生很多点子的程度。这很好，但它也确实意味着会有很多想法侵入并干扰我们的意识。所以，当你的放松训练被打断时，不要担心，因为这是很正常的，对你的练习来说并不是什么严重的障碍。让那些讨厌的想法消失的最好方法是不要沉溺其中。接受它们会时不时地进入你脑海的事实，然后重新专注于你的放松训练。如果你不断逼迫自己不去想它们，它们反而不会消失。如果我告诉你不要去想粉红色的汽车，你很可能会立刻在脑海中看到一辆粉红色汽车；如果我强调："真的不要去想，把你脑海中的粉红色汽车擦掉。"那么这个画面可能会变得更加牢固。所以要告诉自己，干扰是正常的，不要太在意，只需要收回心神，重新进入放松状态。

并没有感觉到放松

当你刚开始放松训练时，这可能是个问题。对这项训练一无所知的时候，你可能不会觉得它会带来什么好处，因为只有不断练习，你才会看到好处。最重要的是不要勉强，因为这样你会很紧张。顺其自然地感受放松的感觉。你也应该问问自己，你的精神（或身体）是否进入了状态，你的环境是否合适。如果不是，那就稍后或者在别的地方做这个训练。要给自己创造机会，尽可能成功。

浅谈锻炼

一个非常有效的身体放松方法就是锻炼。不管出于什么原因，如果你不能继续进行放松训练，可以尝试做一些体力消耗大的运动，因为这样可以减少肌肉紧张。这也是分散注意力，让我们不被担忧所困扰的好方法，尤其当我们必须集中精力在规则或技巧上时（比如打壁球或上舞蹈课）。锻炼还有一个好处，就是可以获得一种掌控感，增强自信。

如果你担心焦虑引发的那些身体症状，做运动意味着你能够以一种可控的方式体验呼吸困难、心跳加速等身体上的感觉。你可以变得更自信，出现在你身上的这些反应也都会消失，还不会伤害到你。一切都会在你的掌控之中。

近年来的研究表明，锻炼对应对压力和焦虑很有好处。最重要的是，经常锻炼似乎会提高“战斗–逃跑阈值”，这意味着我们没那么容易感受到压力，反过来也意味着我们更放松。身体活动似乎也能对抗压力对大脑的影响（将大脑浸泡在有益的神经化学物质的混合物中），还能降低血压——如果你担心长期的压力可能会损害你的健康，那么这点应该会让你放下心来。“有益的神经化学物质的混合物”也能改善我们的情绪，这同样有助于压力管理，因为我们的情绪越好，我们就会越乐观、越有能力。锻炼的好处还不止于此，因为经常锻炼还可以提高我们的学习能力，而记忆力的提高通常意味着我们会更加自信，不那么焦虑。因此，这些发现表明，如果你在坚持做放松训练的同时经常锻炼，你会从这个项目中得到更多的好处。

简而言之，现在有很多研究都认为锻炼会减少焦虑和压力，因此增加运动量确实值得考虑。另外，在你做这些事情的时候，确保自己尽情享受：在一个风景优美的地方骑自行车或跑步，和最好的朋友去健身房，参加一个有趣的健身课——让锻炼成为你想融入自己生活的一件事情。

小结

- 身体上的紧张会增加压力和焦虑。
- 你可以通过学习放松来克服这个问题。你可以通过一系列的训练来学习放松，而且这些训练会变得越来越短，更容易应用。
- 你需要不断练习来熟练地进行应用放松，但随心所欲地学会放松也是可能的。
- 锻炼也可以对抗身体紧张，改善你的压力管理。

第10章

管理心理症状（1）：分散注意力

我喜欢分散注意力这一策略的地方在于它的简单性。我不再沉溺于担忧，不会让自己感觉越来越糟，我已经学会了如何摆脱它们。通过练习，我现在几乎可以在任何情况下做到这一点。此外，我还发现，如果我不担心，就不会发生什么可怕的事情，过去我一直在浪费时间，担忧各种事情。

在本章和下一章中，你将会学习如何在心理层面控制担忧、恐惧和焦虑的策略。这意味着我们能够管理脑海中闪过的糟心的想法和意象。

正如你已经知道的那样，担忧想法（或心理意象）和不断增加的焦虑会循环出现，这些会让你保持高度紧张。例如，在一个聚会上，一位容易脸红、说话不流利的女士很容易对自己的社交表现感到担忧（她甚至可能想象出一幅自己很慌张和尴尬的画面），这种焦虑会使她更容易脸红，更难开口说话：社交焦虑的循环就这么产生了。如果一位男士出现轻微的胸痛，然后想："我可能是心脏病发作了！"他的压力会增加，会变得紧张。然后，肌肉的加剧紧张会加重疼痛，他的想法可能会变得更加糟心："这就是心脏病发作！"他的焦虑会变得更严重，形成一个紧张和担忧都在不断增加的恶性循环。很明显，改变想法就可以打破这种循环。

什么会引发心理症状

有时你会发现抓住自己脑海中闪过的念头或者画面很容易，但有时你可能只能感觉到恐惧或焦虑。它就好像是凭空出现的，没有任何诱因。想法和感觉之间的联系是如此高效，以至于在没有任何明显念头或画面的情况下，情绪反应也会自动产生。这很正常，而且经常发生。走在篝火旁或闻到旧油漆的气味时，你可能感到满足或者害怕，却不知道这是为什么。如果仔细回想一下，你可能会意识到这是因为这些气味让你想起了童年看烟花表演或在棚子里帮助爷爷干活的快乐经历，抑或被烫伤或因为玩油漆被训斥的不快记忆。即使这种自动反应是一种应激反应，它往往也不是件坏事：当一辆车从拐角处冲出来时，你会不假思索地跳到一边；如果一个孩子看上去要跌入火中，你会毫不犹豫地抓住他。这些行为背后其实有一系列的原因，但这种自动反应是如此的根深蒂固，以至于我们有意识的思考过程就像“短路”了一样，从而在危急情况下节省了宝贵的时间。

这种“短路”也会增强问题焦虑。想象一下，有这么一座被鲜花簇拥着的教堂，一个女人正在周围快乐地散步。她突然感到一阵焦虑，觉得必须离开这个地方。直到后来，她意识到是菊花的气味触发了自己的情绪，这让她回想起了童年，那时她非常害怕她的钢琴老师，而老师的钢琴上总是放着一瓶菊花。她让这段推理过程“短路”了，所以才感受到了当时无法理解的强烈痛苦。

不管你是否能找到这些焦虑循环的心理成分，它们确实会带来痛苦，所以你最好用一些策略解决这些担忧的想法和意象。有两种方法可以在本质上打破这种担忧想法的循环。

- **分散注意力：**它让我们的注意力从循环中转移出去。

- 想法检验：它帮助我们识别、检视被夸大的担忧。

分散注意力

你可能已经习惯了多任务并行处理，所以在知道我们一次只能全神贯注地处理一件事后，你可能会感到惊讶，但这是事实。我们可以利用这一点，因为这意味着当我们把注意力转向中性或愉快的事情时，我们就可以分散自己的注意力，不去关注那些令人担忧的想法和意象。通过使用特定的分散注意力技巧，你可以打破担忧想法的循环，防止焦虑加剧。

这里有三种基本的分散注意力的技巧，只要稍加努力，你就可以自行调整这些技巧以满足自身的需求。

- 身体活动
- 改变聚焦
- 脑力锻炼

浏览这些分散注意力的技巧时，你需要思考如何才能让它们为你所用——试着把它们与你的喜好和兴趣联系起来。你还需要记住，成功分散注意力的关键在于找到需要大量关注的、非常具体的、让你感兴趣的东西。如果分散注意力的任务太浮于表面、太模糊或太枯燥，那么它往往不会有效。

身体活动

身体活动可能是这三种训练当中最简单的那个。当你压力太大，以至于“无法正常思考”的时候，它尤其有用。使用生理性分散注意力的方法就是在有压力的时候保持身体上的活跃。如果你的身体忙于锻炼，你就不太可能去纠结那些糟心的想法。你有很多可以采取的做法。

- 进行散步、慢跑、打壁球、遛狗等运动。这类活动特别有益，因为它们可以消耗你的肾上腺素，让你不那么容易感到紧张。而且，正如我们已经了解到的，锻炼是管理压力的一种有效方式。

- 在社交场合打打杂：例如，如果你在聚会上感到不自在，你可以主动提出递饮料给周围的人，让身体和大脑都忙碌起来。
- 干家务活：清理橱柜，修剪草坪，打扫车库……这个家务活清单是无穷无尽的，用这种方式让自己保持活跃的好处就是你会感觉良好，因为你会完成一些无论如何都需要做的事情。家务活不一定非得是大规模的——整理手提包或潦草的个人记事本也可以。
- 打发时间：这是一个非常简单却被严重低估的策略。它不需要太多的脑力，而且可以相当精细。例如，如果你坐在候诊室里感到紧张不安，你可以摆弄一个回形针，把糖纸折成有趣的形状，或者拆卸再拼装一支圆珠笔。这些都不需要技巧，但每件事都能吸引你足够的注意力，打破焦虑思考和感到压力的循环。

在不同的情况下，你需要不同的活动，所以要确保自己有几个锦囊妙计。你可以在晚上打壁球，消除一天的压力；当你在办公室感到非常紧张时，可以在走廊上来回走一走；不能离开办公室又独自一人待着时，你可以整理你的办公桌；你也可以通过摆弄回形针来消除自己在会议上或等候室的焦虑。如果你的身体活动需要一定程度的脑力劳动，那就更好了，因为这样分散注意力的效果会更好。

改变聚焦

这意味着你需要高度关注周围的事物来分散自己的注意力。如果你在一条拥挤的街道上，你可以试着数数金发男女的人数，或者在商店橱窗里寻找特定物品；在咖啡馆里，你可以倾听别人的谈话（需要谨慎！）或研究别人衣服的细节（同样需要谨慎！）或者关注墙上海报的细节。这些活动并没有多复杂或多精细，你只要找到一系列的物体来吸引自己的注意力就好了。例如，如果有人对去超市感到焦虑，他可以在乘车时关注其他汽车的牌照，在超市里走动时密切关注自己的购物清单，在结账时阅读食品包装上的详细信息，数一数自己或他人篮子里的物品数量，或者浏览报纸或杂志上的内容。

如果你容易害羞或担心出现身体症状，改变聚焦的方法就会特别有用。当我们有社交焦虑或担心自己的身体健康时，我们往往会把注意力集中在自己身上——我呼吸有多快，我有多热，我颤抖得有多厉害，我身体有什么疼痛——这会让我们更不舒服，甚至更焦虑。改变聚焦会把我们的注意力从自己身上移开，从而打破自我关注和焦虑加剧的循环。

改变聚焦的好处在于，你所需要的一切都在你身边，你不必担心要去想些什么，不必对此感到有压力，所有的可能性都在你的视野之内。能分散注意力的不仅仅是你能看到的东西——你能听到什么？你能闻到什么？当你走过沙砾时，你的感觉如何，脚踩下去发出的声音如何？你觉得屁股底下的座椅感觉如何？阳光洒在你肩上的感觉如何？你可以用上所有的感官来吸收你的想法。

脑力锻炼

脑力锻炼要求你富有创造力，并且要花更多的精力为自己想出可以分散注意力的短语、图片或脑力任务。短语可以是一两行安抚人心的诗歌，图片可以是你对喜欢的海滩的回忆，脑力任务可以是背诵一首诗，详细回忆一次最喜欢的假日旅行，练习心算，或是研究附近的人，猜猜他们在做什么，可能对什么感兴趣，要去哪里，等等。你也可以试着沉浸在一个想象的场景中，让你的大脑从忧虑中解脱出来；给你的场景填充色彩、声音和质地，让自己更成功地分散注意力。有些人喜欢想象一个理想的房子，然后走遍每一个房间，研究里面家具和配饰的细节；有些人喜欢“听”一首深受喜爱的曲子；有些人则回忆起自己在熟悉和喜爱的道路上骑自行车，欣赏沿途的风景；还有些人发现，他们可以全神贯注地想象自己一步一步地制作出复杂的插花（也许还会想象花朵的香味）或重新设计自己的家。脑力任务越详细，就越容易分散注意力，但重要的是做一些适合自己的事情，可以反映你的兴趣和偏好。

分散注意力的一般规则

- 在你使用一种分散注意力的技巧之前，你必须选择适合自己和当下情况的那一种。如果你讨厌大海而且很容易晒伤，或者你的真爱是滑雪，那么想象自己待在阳光普照的海滩上是没有意义的。同样，如果你的焦虑是在面试中发作的，依靠体育活动来分散你的注意力也不会有帮助。找出你的喜好和需求，然后根据这些进行调整，找到适合你的分散注意力的技巧。试着利用你的兴趣爱好：如果你热衷于园艺，就可以选择修剪树枝和除草作为身体活动；透过车窗看花园，将植物一一识别出来，这可以作为你改变聚焦的训练；最后，将想象美丽的规则式园林作为你的脑力活动。
- 当你已经确定了自己需要的东西，就在开发自己的分散注意力技巧时发挥创造性；你选择的任务一定要具体，同时需要大量的注意力。
- 当你掌握了各种分散注意力的技巧后，只要有机会就练习它们。这样，当你有压力的时候，你可以很容易地转移自己的想法，从而分散自己的注意力。

现在考虑一下你在何时何地可以使用分散注意力的技巧，可以回想一下你觉得困难的情况，然后计划自己可能会使用的技巧。可以参考图 10-1。试着使用空白的图 10-2 或单独的一张纸为自己制作一个列表。这个列表应该根据你的需求而定，目标是每栏列出一个或两个以上的条目——记住，针对一种由焦虑引发的情况可以采取一个以上的分散注意力方案。

我会产生焦虑的情况	分散注意力技巧示例
交通堵塞	听舒缓的音乐
候诊	阅读书或杂志
入境检查排队	正读和反读海报
在家里感到紧张	去商店走走，然后回来

图 10-1　我会产生焦虑的情况和分散注意力实例

我会产生焦虑的情况	分散注意力技巧实例

图 10-2 在引起焦虑的情况下分散注意力的技巧清单

到目前为止，这都还是一个非常理论化的训练，你只是在考虑什么可能对你有所帮助。现在，你需要实际操作一下你的分散注意力技巧了。当你感到焦虑时，把分散注意力的策略付诸行动，看看会发生什么。你会发现你的一些方法从一开始就很成功，这很好，但有些需要进一步完善。回顾那些不太成功的经历，试着理解为什么某个策略对你不起作用：也许你选择的意象并没有真正反映出你的喜好，所以它没有那么吸引人；也许你自己设置的心算题有点太难了；也许你选择的分散注意力的环境不适合使用跟身体相关的技巧，跟心理相关的会更好。一个策略不成功的原因可能有很多，每个人都会发现不同的障碍；关键是要找出为什么当时有些东西不适合你。简言之，看看你的方法在现实生活中是否奏效，如果它们不太管用，那就修改它们，改到适合你为止。

担忧和分散注意力

你可能还记得，我在本书的第 3 章提到，你们中的一些人可能是“多愁善感的人（worriers)”。如果你是，那么分散注意力将是你的应对工具箱中一个非常有用的策略。如果你能识别出你的担忧（回答“如果……会怎样”的问题)，你就可以首先考虑，针对这个问题是否有什么是自己可以做的。如果有的话，那就去做，使用解决问题的方法（见第 13 章）来帮助你；但是如果没有什么可做，而且你发现自己仍然在焦虑的循环里转来转去，用很多“如果……会怎样”想象未来，那就可以通过分散注意力来打破这种模式，摆脱担忧。这会让你松一口气，也会帮助你学会不再担忧，相信一切都会好起来。你可以控制自己的担忧。

同样的道理也适用于我们回想由“要是……就好了”导致的焦虑循环（我们称之为穷思竭虑而不是担忧）。不断重复“如果……会怎样”和“要是……就好了”只会增加我们的痛苦，而分散注意力可以帮助我们摆脱恶性循环，让大脑去做一些更愉快或更有用的事情。

分散注意力实例：控制幽闭恐惧症

我就是受不了封闭的空间。我在大街上完全没问题，可以正常呼吸；我在家里也很好，感觉很放松。但是剧院，教堂，电梯，拥挤的商店：坚决不！很久以前我就接受了这样一个事实：我不能像大多数人那样到处走动。一开始这并不是一个太大的问题：我们租录影带，选择在人少时购物，而且反正我也从来都不想去教堂。然而，情况慢慢发生了变化：我的孩子和侄女侄子似乎都要结婚生子、让孩子做洗礼了。突然，大家都希望我能去教堂和医院。我太纠结了。我想看到我的孩子结婚，我的孙子受洗，但我也害怕，想逃避。幸运的是，我发现了一种熬过仪式时间的方法——坐在教堂后排座椅上，尽管我不得不承认，这样在必要时我就可以逃跑。我自学了一些方法来分散我的注意力，其中三件对我很有帮助：首先，我总是随身带着一本好书，这样如果我们需要坐很长时间，我就可以沉浸在书中。我知道在新娘到来之前坐在长椅上看书似乎很不礼貌，但我一般都是这样做的，要么干脆不去参加婚礼。其次，无论我走到哪里，我都带着我的安神串珠，通过捻转它们来消除担忧——这些珠子在教堂里更容易被接受，但却吓到了医院里的几位访客！最后，我自学了一种冥想方法：我会像其他人一样站着或坐着，但我会想象自己正身处其他地方——安全的地方。在我的想象中，我回到了自己从小长大的农场，和父亲一起在田野上漫步。我回忆起农场的气味和声音，当我用越来越多的细节填满这幅可爱的画面时，我能感觉到自己在放松。

我已经使用了这些策略，它们给了我信心，让我能够出席一些我生命中最重要的场合。我只是把它们作为一种达到目的的手段，让我实实在在出席各种场合的方式，但是你知道吗？渐渐地，我对待在封闭的空间里越来越有信心了，因为我知道不会有什么坏事发生，我可以像其他人一样应对。现在我发现自己没那么需要分散注意力了，而且当我想到下一个挑战时，我也不那么焦虑了。我不再需要坐在靠近出口的地方，因为我知道我可以做一些事情来控制我的焦虑。

分散注意力实例：管理担忧

我父亲给我的最好的建议是："如果你无能为力，那就别担心了。"建议不错，但我还是很难摆脱这种担心。我会问自己："针对当下的担忧，我能做些什么吗？"如果我能，我就会去做；但是如果不能，这种担忧就会一直萦绕在我的脑海里，我就会越来越紧张。现在，我已经学会了分散自己的注意力，如果我不能做更多的事情来减轻自己的担忧，我就干脆用分散注意力的方法来摆脱它们。前几天在邮局就发生了这么一件事。我排了很长时间的队，变得越来越紧张。我意识到我在担心自己在停车时长用完之前不能回到车上。我问自己是否有什么能做的——我可以给我女儿发短信，让她在车旁等我，这样她就可以告诉停车场管理员我马上就来。

也许这会有帮助——谁知道呢，但至少我做了一件积极的事。我仍然很担心，所以问自己还有什么能做的——并没有，于是我开始研究邮局的货架，分散自己的注意力。我在脑海里数着在邮局能买到的棕色和白色信封的数量。然后我把注意力转向了其他文具——这里有不少东西呢，够我忙活的。我感觉自己慢慢冷静了下来，然后我开始做一些更有趣的事情：计划我女儿的生日聚会。我做的计划越多，注意力就越分散。不知不觉就轮到我办业务了。

使用分散注意力技巧时遇到的困难

我就是做不到

这可能只是因为你练习不够。这是很常见且容易纠正的，只要你能抽出时间不断演练这些技能，特别是在你不焦虑的时候。挑战在于如何在你的日常生活中融入有规律的练习。

当我尝试的时候，它对我不起作用

可能是因为这个技巧不适合当下这种情况。同样，这是一个常见但易于克服的问题，只要你的应对工具箱中有一系列的策略。确保你已经考虑了很多不同的方法来减轻自己的担忧，如果必要的话，回顾一下你的清单，让朋友们帮你增加一些想法。事先考虑一下是什么情况引起了焦虑，并尝试从你的应对工具箱里选出最好的策略——也要有一个备用方案。

也许你的压力已经大到难以应对了。所以要尽早发现你的焦虑。下次一定要熟悉自己的“预警信号”：在你压力较小的时候，任何应对技巧都会起到更好的作用。还有一个有用的诀窍：当你压力很大时，尽量多做身体运动，因为它们通常比脑力活动更容易付诸行动。

最后也是非常重要的一点：和许多人一样，你会发现分散注意力这个策略在应对担忧、恐惧和焦虑时是非常宝贵的，它可以让你更有效率地思考和计划。然而，如果它被用作一种逃避困境的方法，或者始终被当成一种安全行为来使用，则可能会产生相反的效果。例如，如果你在社交场合和客人说话很紧张，却总是通过递饮料来分散自己的注意力，你就永远不会面对自己真正的恐惧，恐惧也不会自行消失。

如果你将分散注意力作为一种安全行为，或者你发现担忧不断地反复，那么你需要学习另外一种想法管理策略：检验和回顾问题想法和意象。

小结

- 可怕的想法、意象和担忧会导致焦虑和压力。
- 我们一次只能适当地专注于一件事，而且如果这件事是中性的或令人愉快的，它就能分散我们的注意力，让我们不再关注那些令人担忧的想法和意象。

- 身体和脑力活动都可以用作分散注意力的有效方法，但你需要仔细筛选，找出符合你需求和偏好的活动。
- 然后，你需要练习。

第11章

管理心理症状（2）：回顾焦虑的想法和意象

我一直都知道是什么想法引发了我的担忧和痛苦，但我从来没想过问问自己这些想法是否现实。当我开始后退一步，恰当地看待这个问题时，我发现很多想法都是毫无根据的，而且看待事物的方式不止一种。只要我成功变换我的视角，我甚至可以摆脱自己的担忧或使自己安下心来。确实，我的担心有时是有根据的，但更多时候，我很快就意识到自己根本不必如此惊慌，我可以重新想一想那些麻烦的念头。这么一来，我就更容易接受这些想法了。有时，我会请我的伴侣帮我重新审视我的那些担忧，这也让我们俩的日子好过多了。

你已经了解到，焦虑会让我们产生不同的想法，我们可能会陷入担忧和持续增长的焦虑的循环里。质疑焦虑的想法——检验和回顾它们——是打破紧张和焦虑循环的另一种方式。这次我们要做的是，从一个根本没有必要存在的担忧想法中将“刺”拔出。检验和回顾消极的想法和意象包括几个步骤，我必须诚实地说，这需要一点练习，但这是值得的，因为你一旦掌握了这种方法，就很有希望解决掉所有的焦虑。

- 第一步大家都很熟悉——抓住你脑海中闪过的想法和意象（记日记可以帮助你做到这一点）。
- 第二步是一个新的步骤，你需要问自己："这个担忧现实吗？"当然，问题的答案可能是"否"，也可能是"是"，我们需要考虑两种情况下的应对。在本章中，我们将探讨如何处理那些被夸大的、与实际情况不相称的担忧，你将学会回顾这类麻烦的想法或意象，并提出更现实或更积极的、不会让你心烦意乱的陈述。当然，有些担忧还是现实的，第 13 章将会指导你如何解决这些问题。这样你就拥有了解决焦虑的全部基础。

回到这一章：有时候你很容易就能找到引发焦虑的想法或意象，有时候则很快就能发现一个不那么令人沮丧的可能性：

我突然有一种紧张的感觉，胃就像打了结一样。我意识到这是因为苏刚刚说我可能需要给老板送退休礼物。我总是因为这类事情而紧张，但后来我想："其实吧，这没什么好担心的。我做过很多次了，有经验了，我知道自己会没事的。"一旦有了这样的想法，我就感觉好多了。

然而，有些时候你会发现，捕捉到那些担忧的想法很难，让自己的大脑得到休息可能更难。这并不罕见，但你可以放心，本章提及的方法步骤将指导你完成捕捉、检验和回顾担忧想法和意象的整个过程。这种方法基于认知行为疗法之父贝克博士在 20 世纪 70 年代研发的一种非常有用的结构化方法。他建议的策略包括三个基本步骤：

- 识别焦虑的想法和意象。
- 后退一步，回顾这些想法和意象，判断你的焦虑是否现实。
- 如果不现实的话，找到一种平衡的、可替代的思考方式。

第一步：识别焦虑的想法和意象

当你感到平静时，想要回忆起那些引发你焦虑的想法或意象并不总是那么容易。这些想法通常被称为“冲动想法”（hot thoughts），因为它们会引发最强烈的情绪，而捕捉它们的最佳线索是焦虑和紧张的实际感觉。当你意识到自己的紧张情绪上升时，问问自己：“我脑子里在想什么？”你的担忧可能是通过语言表达的，比如“我要出丑了”，或者“我想我心脏病发作了！”它们也可能是以画面的形式呈现的，比如你失去控制的场景，或者发生可怕事情的画面。意识到自己的想法并不总是那么容易，但只要勤加练习，你就会变得愈加擅长，所以不要太快放弃。

写下你在焦虑时期的想法是发现那些引起你紧张的词语、画面或短语的最佳方法。你可以使用想法日记记录自己焦虑时脑海中闪过的任何想法，格式如下页所示（三号日记）。有人觉得纸质日记很有帮助，也有人觉得麻烦，他们更喜欢在手机上记录自己的想法和意象，因为这比拿出一张纸来写更容易。这也可以，只要它能使本书中的策略对你产生作用。日记是达到目的的一种手段，一种捕捉重要想法和意象的方式，所以有必要尝试不同的方法，直到你发现最适合自己的那一种。拥有能捕捉你脑海中想法的有效方法是非常重要的，因为一些“冲动想法”非常短暂，如果你不能及时捕捉到它们，它们就会消失。

试着不要回避对自己感受和想法的检视。短期内这样做可能会让你很不舒服，因为仔细观察自己的想法可能会让人感到不安。但如果可以识别出自己的担忧，你就能更好地控制它们。以琳恩为例，她是一个学生，上大学时总是用除菌湿巾垫着把手开门和清洁座椅。被问到原因时，她说：“我不喜欢病菌，也不想谈论它们。”很明显，她害怕某些东西，避免想起它。但是，因为她不愿意说出自己的恐惧，所以就不会有机会去了解恐惧的对象，更不用说应对了。也许她害怕染上一种同样会伤害家人和朋友的严重疾病；也许她害怕染上一种会让她在公共场合呕吐的病菌；也许她害怕自己患上一种危及生命的疾病——我们尽可以猜测，但只有当她敢于描述自己的恐惧时，她才能利用本书这一部分的策略去解决自己的问题。

三号日记：捕捉闪过脑海的想法和意象

地点和时间?	我感觉如何?	我脑子里在想什么?
我在做什么？什么时候？在哪里？	我感觉到了什么情绪？它有多强烈？ 1（完全没感觉）～10（可能是最强的感受）	我脑海中有什么想法或意象？我有多相信它们？ 1（一点也不相信）～10（绝对相信它们是真的）

一旦你确定了导致担忧或恐惧的缘由，试着评估一下你有多相信自己那些令人担忧的想法，以及它给你带来了什么感觉。这会对你有所帮助。这个评估做与不做都可以（如果任务太多，就不要做），但它可以让你对自己的恐惧有更准确的认识和理解。例如，我的担忧可能是："如果我不回去看看门是否锁好了，家里可能会进小偷。"我在某一天对这种担忧的相信程度可能是 90%，恐惧程度是 85%；另一天，我的相信程度可能只有 40%，恐惧程度只有 50%。程度等级会随着时间的推移而变动，这是正常的，你也可以从这种变化中了解到一些东西。比如说在这个例子中，我可能会意识到，当我离家不远，或者如果有朋友和我在一起，或者如果我的压力不那么大时，我的焦虑感就会降低。所有这些信息都有助于我更好地"应对"自己的恐惧。当你完成了所有的步骤后，你也可以重新评估自己的相信程度和焦虑程度，然后你就可以知道这个策略对你是如何起作用的。

第二步：退一步，回顾焦虑的想法和意象

当你记下自己紧张的想法或意象后，可以后退一步，暂时抽离，好好观察一下它们。有时候，这个过程本身就能改变一切：

> 我学到的一件非常有用的事就是写下我的恐惧。把它们写在纸上对我来说很有帮助。我会把它们记下来，退一步将自己抽离出来，再好好观察。我看问题好像忽然有了一个不同的视角：事情看起来并没有那么糟糕，或者我能直接看到一条出路。

有些时候，你还需要做更多的事情来让自己感觉良好。你可以研究一下自己的自动化思维，看看其中是否有偏见；也可以再次翻看本书的第 2 章，回顾相关内容。但自动化思维一般分类如下：

- 极端思维

- 选择性注意
- 依靠直觉
- 自责
- 担忧

寻找思维偏误将帮助你判断自己的恐惧有多现实——也许它们是有根据的，也许不是。你需要做出这样的判断。在这个阶段，你要通过试图检查自己的想法是否有偏见，来感受自己是否需要如此担心。

如果你发现了思维偏误，不要批评自己，只需后退一步，并时刻关注它们。有时候，我们只要意识到想法有偏误，就可以改变自己的观点——退一步进行相对客观的观察，一旦意识到事实一直在被夸大，我们的观点通常就会立刻变得更加平衡。四号日记可以帮助你做到这一点。

如果你发现自己的思维相当“扭曲”（即使能看到这些偏误，你仍然感到痛苦），不要担心，因为稍后你可以进入下一步，通过系统地回顾其他不那么令人担忧的看待事物的方式来平衡你的恐惧（第三步）。

一个常见的障碍是，当我们真正感到焦虑或担忧时，我们是无法发现偏误思维的。这是完全可以理解的，因为当我们紧张和害怕的时候，我们没有处于最佳状态，做不到理性对待一切。如果你发现这种情况发生在自己身上，那么当你沮丧的时候，就不要细看自己的日记，而是等到感觉平静了，能够更清楚地分析情况的时候再去看它。如果你仍然很难抽离，没法从超然的角度看待自己的问题，就请朋友看看你的日记，让他们来点评你感知和预测的准确性。

你可以寻求别人的帮助，牢记这一点：你不一定非得一个人做这件事。一些人发现，仅仅说出思维偏误就有助于将他们从担忧中脱离出来，获得一个新的视角；对其他人来说，这只是一个起点。无论哪种情况，这都是管理焦虑、担忧和恐惧的有价值的一步。

四号日记：捕捉思维偏误

地点和时间？	我感觉如何？	我脑子里在想什么？	我能发现任何思维偏误吗？	有没有另一种看待事物的方式
我在做什么？什么时候？在哪里？	我感觉到了什么情绪？它有多强烈？ 1（完全没感觉）～10（可能是最强的感受）	我脑海中有什么想法或意象？我有多相信它们？ 1（一点也不相信）～10（绝对相信它们是真的）	• 极端思维 • 选择性注意 • 依靠直觉 • 自责 • 担忧	有没有一种不那么令人担忧的看待事物的方式？ 我能想到更平衡的方式吗？我有多相信这种新的可能性？ 1（一点也不相信）～10（绝对相信它们是真的）

伊凡娜：我看了几个小时自己的日记，发现里面充满了“非此即彼”的想法。难怪我感觉如此糟糕。我太着急了，以至于得出各种极端的结论：我们会错过飞机的！我会把票弄丢的！我们的行李会丢的！发现这一点我还是有些惊讶的，因为当时我并不知道自己的想法是如此扭曲，而且当时我的恐惧也是现实的。我把它拿给我丈夫看，他笑着说：“我应该早点告诉你的，你确实就是那样想的！”我想我还是需要自己去发现这一点的。我并没有因为他的笑声而心烦意乱，我知道他的本意并不是让我难受。事实上，我也笑了。现在，每当我进入消极状态，开始做出极端的预测时，他都会笑着说：“嘿，你在想什么呢？”然后我就会停止预测，因为我会立即意识到问题。我称之为“从A到Z的跳转思维”，因为我没有考虑过A和Z之间还存在其他的选项，就草率地得出了一个极端的结论。我发现，只要我注意到这一点，我就能以一个更好的视角去看待事情。有时候事情就是水到渠成，我也感觉更加平静了。

阿蒂：每当我在工作中感到紧张和压力，我都会把想法记录下来。回顾自己写的东西时，我注意到了自己看待事情会有一些微妙的偏见。第一，我注意到我对自己相当苛刻：我认为事情之所以很难解决，是因为我做了一些愚蠢的事，或是因为我能力不够。而这只会让我轻视自己，变得很不自信。第二，当我想要详细描述我脑子里的想法时，我发现自己总是在脑海里反复播放自己步履维艰的画面——我总是仓促地得出结论说我应付不来，还总是往最坏的方面想。我以前没有意识到这一点，但现在我明白为什么我会如此紧张了。现在，我知道了自己的思考模式，所以我会非常努力地善待自己（这样做很有帮助）。我还知道我需要解决自己妄下结论的问题。我需要学习如何评估并以不同的方式思考问题。我知道这可能不容易，但现在我觉得更有希望了。

第三步：找到一种平衡的、可替代的思维方式

到这个时候，你可能已经熟悉了那些会让你产生焦虑的想法和意象，也熟悉了自己那些特定的思维偏误。所以你现在可以迈出第三步了：你需要找出积极的替代方案来取代你的夸张想法。当你准备这么做的时候，你就不会那么恐惧，面对挑战会更有信心。我们将在后续内容中讨论如何处理现实中的焦虑和担忧。

如果你的想法是扭曲的、不现实的，你需要解决六个问题：

1. 为什么我有这种担忧的想法（或意象）是可以理解的？
2. 有没有不担心或不害怕的理由？
3. 最坏的结果会是什么？
4. 如果最坏的情况发生了，我该如何应对？
5. 如何更平衡地看待我的本能恐惧？
6. 我怎样才能验证这种新的可能性？

五号日记（见第 155 页）将帮助你解答这些问题。

问题 1：为什么我有这种担忧的想法（或意象）是可以理解的

你会发现，这个问题回顾了为什么你会有令人担忧的想法或得出令人担忧的结论。这可能看起来很奇怪——到现在为止，你已经确定自己的担忧可能是不现实的，你的目标是获得一个容忍度更高的视角。那你为什么还要为自己的担忧辩护？因为它会让你更了解自己。它会鼓励你说出“难怪我很害怕或担心……”这样的话，让你不太可能对自己吹毛求疵，从而以一个更富有同情心的态度开始这项训练。你也将能够在你的恐惧中找出真相（如果有的话），并更好地认识到你的“致命弱点”或经常引发你担忧

的事情。所以我希望你们明白，尽管乍一看，这可能是一个奇怪的问题，但它是值得花时间思考的。

问题 2：有没有不担心或不害怕的理由

现在你可以继续考虑如何平衡自己的担忧了。这时候你可以问自己一些有用的问题，比如：

- 我对那些不会引发我恐惧或焦虑的东西了解多少？
- 哪些经历与我的担忧无关？
- 当我感到自信时，我会如何看待事物？
- 我会对一个害怕或担心的朋友说什么？
- 如果朋友想让我平静下来，想安慰我，他们会对我说什么？

通过问自己这些问题，你可以从不同的角度看待自己的恐惧。这是认知疗法的一个关键策略——发现其他可能性，拓宽你的视野。你在这方面做得越多，就越熟练，也就越容易想出更有益的替代性观点。

问题 3：最坏的结果会是什么

这个问题通常是很难面对的，但如果你能回答它，你就会知道自己最害怕什么，需要应对什么。如果你的恐惧想法是以诸如“如果……怎么办”“他们会怎么看我”“我该如何应对”等问题呈现出来的，这一点就显得尤其重要。我们谁也解决不了这样的问题，所以你需要把它变成一个陈述句，比如“我害怕我得了重病”或“我认为人们会嘲笑我”或“我担心我会在公共场合晕倒”。一旦确定了对你来说最糟糕的事情，以及你的那些可怕的预测，你就可以尝试回答下一个问题了。

五号日记：捕捉和验证我们脑海里闪过的想法和意象

时间和地点	我感觉如何？	我脑子里在想什么？	为什么我有这种担心的想法（或意象）是可以理解的？
我什么时候感到焦虑？我在哪里，在做什么？	我感觉到了什么情绪？它有多强烈？ 1（完全没感觉）～10（可能是最强的感受）	我脑海中有什么想法或意象？我有多相信它们？ 1（一点也不相信）～10（绝对相信它们是真的）	我经历了什么让我的恐惧或担忧有意义的事？

有理由不担心或不害怕吗？	最坏的结果会是什么？我该如何应对？	还有其他看待事物的方式吗？	我怎样才能验证它？
我经历了什么与我的恐惧或担忧无关的事？什么能让我安心？	我有什么样的技巧和支持来帮助我克服恐惧？	我能想到更平衡的方式吗？我有多相信这种新的可能性？ 1（一点也不相信）～10（绝对相信它们是真的）	我怎样才能把我的新想法付诸行动？我该怎么做才能知道我是不是对的？

问题 4：如果最坏的情况发生了，我该如何应对

说出对你来说最糟糕的情况并想出解决方案，这可能会直接终结你的担忧，因为你会有这样一种感觉："如果我必须要处理这个问题，我就可以处理。"即使这还不足以让你安心，你也已经开始通过思考应对方案来改变自己的看法了。这是很有帮助的一个问题，值得你接受挑战，面对自己内心的恐惧。这也是一个机会，可以让你反思自己的个人优势和支持力量，反思过去使用过的应对方法，并开始用自己的方式来克服困难。有些人发现，想象自己以一种强大且能干的方式应对和处理问题真的很有帮助。越来越多的研究表明，使用想象是改变我们感受的一种强有力的方式，所以为什么不试试呢？

问题 5：如何更平衡地看待我本能的恐惧

现在你可以把你的新想法汇总起来，总结成一种不那么可怕的新的可能性。当你回顾前四个问题时，你会发现你有了很多新的方式来看待本能的恐惧——看看你现在能否以一种平衡且不那么忧心忡忡的方式总结你的新观点。你也可以创造一个心理意象，想象自己在以崭新的、平衡的方式看待事物，因为这种画面可以建立我们的信心。如果可以的话，为自己描绘一幅直面恐惧的图景，要在脑海中"看到"这一幕，想象自己感觉到深深的平静和安心。现在不是对自己说些你自己都不相信的话的时候；是时候诚实地审视你所做过的努力，并得出一个诚实的结论了。只有相信自己的新陈述，你才会真正安下心来，所以，给自己对看待事物新方式的相信程度打分通常是很有用的——如果你的评分很低，你可以重新审视每一个问题，看看自己是否能提出更有说服力的论点。然而，有时候，我们的相信程度很低是因为我们不容易被话语或想象中的应对场景说服——我们想要更多的证据。这时 CBT 就会介入并检验我们的新陈述、新结论有多现实。这是一种健康的、怀疑的态度，你应该接受它——要一直寻找证据。

这就引出了第 6 个问题。

问题 6：我怎样才能验证这种新的可能性

到目前为止，你一直在用你的意识（你的认知能力）来提出新的想法。你表现得一直像个“哲学家”。现在是时候成为一名“科学家”并检验你的想法了。验证一个新的可能性是否现实的最好方法是把它付诸行动，然后看看会发生什么。对这件事一定要有科学的认识，这意味着要抱有好奇心，而不是评判态度。试一下，看看会发生什么。有时进展会很顺利，你的信心会提高；有时则会出现小问题，这时候你就需要回到“哲学家”模式，思考下一次采取什么不同的行动，以便获得更好的结果。从“哲学家”思维到“科学家”行动的转换是 CBT 的一个重要模式。

- 哲学家（分析结果，提出新想法）
- 科学家（检验新想法并对结果感到好奇）

有时候，会出现问题只是因为我们太快地承担太多东西了。很多新想法听起来可能很合理，但我们需要用分级或循序渐进的方式来对它们进行检验。

丹妮斯很少会说出自己想要什么，因为她总是会因此感到紧张；她很难保持自信。她研究了前五个问题，提出了一段新的陈述：“我确实紧张，但这是可以理解的，毕竟我父母从来没有真正地鼓励过我，但我现在知道了，我和其他人一样有能力、有价值，我有权利，别人应该听到我的声音。”她对这段陈述的相信程度为 98%。她还想出了一个办法对其进行检验：“我可以为自己发声，我得告诉别人我需要什么，我想要什么。”然而，她直接找到了老板，跟对方去谈她的工资问题。这一步跨得实在有点大：她没能对老板产生任何真正的影响，自己事后还感到非常沮丧。她应该传达自己的声音让别人听到，她应该坚持自信训练，这样的想法是绝对正确的（出现以上问题是因为她的思路是错误的），但她确实需要花更多的时间来规划。经过深思熟虑（哲学家模式），她意识到，如果她承担一些既能拓展她的能力又不会让她不知所措的任务，她就可以更好地建立自信。于是，她去商场退了一双有问题的鞋子，并要求商家退款。这是一项更容易的任务，最终也确实成功了。她自我感觉良好，就更有信心了，也准备好接受另一个挑战了。

重新思考一下第三步（找到一种平衡的、可替代的思维方式），你会发现它本身就包含了一系列的小步骤，每一步都是在上一步的基础上进行的。因此这一步的要求很高。当你第一次开始练习第三步的六个问题时，你会发现这需要时间，而且你可能还需要做相当详细的笔记。然而不用担心，它也会变得更容易。随着时间的推移，大多数人会发现他们已经到了能够不假思索地回顾自己无益的想法（或意象）的阶段，无须使用笔记或刻意地完成每一步。如果你学过一门外语，或者你是一名司机，你就会有巩固技能的类似经验。在最初的日子里，你必须参考自己的词汇和语法笔记，才能串成一个连贯的句子，或者你需要不断告诉自己开车的每一步才能让车启动并沿着街道行驶，但是经过一段时间（和大量的练习）之后，你就可以自然而然地做到这些事情。

这和回顾无益的想法和意象原理相同。我接下来会再举几个例子，这样你就可以知道如何回答第三步的那些问题了。我选了三个例子，每一个都成功地完成了第三步，因为我想向你展示如何完成这一步以及如何让其为你所用。如果这些例子看起来比你的第一次尝试要容易一些，不要灰心，你只是需要更多的练习。有时你确实会发现自己第一次就能找到一种更有益的思维方式，但通常你都需要重新检视这个过程，再次进行尝试。总之，你有望越来越快地做到这一点。

实例 1：对朋友的焦虑

“萨拉开会迟到了。她可能出了车祸，受了伤。”

相信程度 5/10，恐惧程度 8/10。

1. 为什么我有这种担忧的想法是可以理解的？我为什么会这样想？因为我读过有人死于交通事故的报道，而她正行驶在一条可能会发生事故的主干道上。我的想法并没有那么荒谬。其他人可能也有类似的恐惧。

2. 有没有不担心或不害怕的理由？有。仔细想想，有如下几个理由：有很多人每天都走那条路，从来没有发生过事故；今天的天气条件非常适合开车，因此发生事故的可能性比平常更小；即使萨拉出了事故，她也不见得会受重伤——我的很多朋友都出过事故，即使有伤，也只是轻伤而已；她走的那条路正在修路，这可能是她迟到的原因。我感觉好多了。我甚至觉得她可能把会议的时间搞错了，她没准都还没出发。

3. 最坏的结果会是什么？最坏的结果就是她出了事故，受了伤。

4. 如果最坏的情况发生了，我该如何应对？毫无疑问，这对我来说会有一些困难，但我的丈夫可以帮助我。我们可以联系医院的事故处理部门，看看她伤得有多严重。我应该会带着我的丈夫一起去看望她。还会反复提醒自己，她在医院会得到很好的照顾。

5. 如何更平衡地看待我本能的恐惧？一个更积极的看法就是萨拉不太可能发生事故，她迟到可能是因为修路或忘记了这次会议。虽然我知道这可能是真的，但我仍然感到紧张不安。我需要提醒自己，如果她出了事故，她也不一定会受重伤；如果她受了重伤，我可以安慰自己，医院的工作人员是处理这件事情的最佳人选；如果我感到痛苦，我可以求助于我的丈夫。我 100% 相信这一点，我的恐惧程度下降到了 2/10。

6. 我怎样才能验证这种新的可能性？很简单，我会打她的手机，因为她可能会接电话，让我安下心来。如果她不接电话，也并不意味着出了什么问题——也许她正在开车，接不了电话。如果她不接电话，我就再等上 15 分钟，看她会不会来。重复担心完全没有意义，所以我要通过阅读我为会议准备的笔记来分散自己的注意力。如果一刻钟后她还没来，我就给我丈夫打电话，问他我该怎么做。多个人出主意总是好的，毕竟三个臭皮匠，顶个诸葛亮。

实例 2：应对身体症状

“我觉得头晕目眩。我开始出汗，感到恶心。我认为自己会在这家店里晕倒，然后出丑。”

相信等级：8.5/10。恐惧等级：8.5/10。

1. 为什么我有这种担忧的想法是可以理解的？我想这是可以理解的，因为我有一个朋友在商店工作，他说他曾经遇到两次这种情况，顾客在他的店里感到头晕，然后就真晕过去了。人们在公共场所确实是会晕倒的。我也在学校晕倒过，所以我知道这是可能的，担心不是没有道理。当我仔细检视自己焦虑时脑海里浮现的想法时，我意识到自己还有第二种恐惧——担心自己会丢脸，担心人们会对我评头论足。我有这样的担心是可以理解的，因为我在学校被人嘲笑过，我知道人们有时候真的很苛刻、很残忍。

2. 有没有不担心或不害怕的理由？让我想想，有没有理由能对抗我的这种想法？还是有的。根据我的经验，我经常会在焦虑的时候产生这种要晕倒的感觉。这可能只是焦虑的症状。我知道担心和过度呼吸会让头晕更严重，我太紧张了，可能是换气过度了。我的朋友告诉我，要提醒自己，快速的放松训练甚至呼吸都能让我平静下来，然后我就能重新控制自己了。他还说，他店里的顾客之后都苏醒了，而且其他人对他们都很友好。另外，当我在学校晕倒的时候，情况也不是那么糟糕，我没有伤到自己，周围的人也很友善。那时候晕倒是因为我在生病，但是现在没有，所以我不太可能晕倒。在我的记忆里，取笑我的是一些孩子；成年人可能更善解人意，不会这么做。

3. 最坏的结果会是什么？最坏的结果就是我晕倒在商店里，看起来很愚蠢。但现在我已经开始仔细思考这个问题了，我觉得自己看起来不会很蠢，也不会有人嘲笑我。有趣的是，敢于思考恐惧实际上有助于正确看待恐惧。

4. 如果最坏的情况发生了，我该如何应对？如果我真的晕倒了该怎么办？我想很有可能会有人来救我。我的朋友说，在他的店里，员工们总是时刻准备着应对这种紧急情况。我想我会像以前一样苏醒过来，如果依然头晕，我可能会让人来帮我。但我真的开始觉得自己可能不会晕倒了。

5. 如何更平衡地看待我本能的恐惧？现在我的想法完全不同了。我意识到这里很热，这可能是我那些不愉快感受的导火索；我的焦虑可能会让我感觉更糟糕，我知道我可以花 1 分钟放松，控制好呼吸，从而控制当下的局面。即使我晕倒了，我也会恢复过来，不会有什么问题，就像我在学校晕倒以后一样。我的朋友说，在大型商店里人们确实会感到头晕，所以如果我请求帮助，工作人员不会感到惊讶的。我从不认为感觉不舒服的人是可笑的，所以人们也不太可能认为我很蠢。我相信我只是焦虑，我不会晕倒（8/10），我相信人们会理解，会帮忙，不会认为我很蠢（9/10）。当我这样看待事情时，我的焦虑程度下降到了 2/10，我感觉好多了。

6. 我怎样才能验证这种新的可能性？我可以花些时间放松，来证实自己是否只是焦虑，而且我会立刻行动。我还要看看人们会不会认为我很蠢，但这可不太容易。我知道了！我可以问问我的一些朋友，如果他们看到一个人晕倒了，他们会怎么想。我觉得他们应该会很同情晕倒的人，但我还是会和他们确认一下。

实例 3：害怕蜘蛛

“这儿有蜘蛛网。肯定有蜘蛛，不行，我应付不了，我必须得从房间里出去。”

我相信这里有一只蜘蛛，而且我 100% 不能应对。我的恐惧等级是 8/10。

1. 为什么我有这种担忧的想法是可以理解的？蜘蛛网和蜘蛛一直都是形影不离的，就是这么简单。我的经验之谈就是如果我看到蜘蛛，就会崩溃。我已经为这种事发狂过很多次了。

2. 有没有不担心或不害怕的理由？有时我会把裂缝和头发误认成蜘蛛网，所以我看到的也有可能不是蜘蛛网。我知道英国的蜘蛛是无害的，当我的学生们害怕的时候，我也是这么告诉他们的；当我这么跟他们说的时候，其实我也是这么认为的。我最近有了对付非常小的蜘蛛的经验，所以我可能不会像过去那样崩溃了。

3. 最坏的结果会是什么？它是一张蜘蛛网，我可能会看到一只蜘蛛，然后变得害怕，感到恶心或崩溃。

4. 如果最坏的情况发生了，我该如何应对？最近，我不得不除掉一两只在教室里安家的非常小的蜘蛛。我设法在孩子们面前保持冷静（我慢慢地呼吸，不停地告诉自己会没事的），然后拿着一个玻璃杯和一张卡片，把它们一只一只地捉了起来。我想我可以用这段经历提醒自己，这应该会让我平静下来。事实上，光是在脑海里回想这幅场景，我就已经平静多了。我知道我能做到——我能"看见"自己做到。如果蜘蛛很大，我就不那么自信了，但是如果最坏的情况发生了，我还是可以选择离开房间的：我不必留下来，等着自己变得歇斯底里。

5. 如何更平衡地看待我本能的恐惧？如果我回顾自己刚刚写下的东西，我会以不同的视角来看待这件事情。房间里可能有蜘蛛网，也可能没有（我不必妄下结论说有蜘蛛网），这意味着这里可能有蜘蛛，也可能没有。即使有一只蜘蛛，它也可能很小，对此我是可以忍受的，或者我可以保持适当的冷静。如果我确实感到不知所措，那么我可以干脆离开这个房间——当然，那会是我的终极手段。现在我只相信自己看到了蜘蛛网（7/10），我不认为这意味着我一定会看到蜘蛛。如果我真的看到了蜘蛛，我只有 2/10 的可能变得歇斯底里。我的恐惧等级降到了 4/10。

6. 我怎样才能验证这种新的可能性？好吧，我可以去看看所谓的蜘蛛网，去验证它是否真的是蜘蛛网。如果不是，那我的担心就到此为止了，所以勇敢地去检验我的恐惧还是值得的。如果是蜘蛛网，我会待在这里，提醒自己我能对付一些蜘蛛，我会缓慢、稳定地呼吸，尽量放松。我会在脑海里播放自己应对蜘蛛的心理意象，因为这样会有所帮助。我会确认蜘蛛是否真的出现了（现在我相信它可能不会出现），如果是，我就看看自己到底有多坚强。如果我必须离开这个房间，我也不会苛责自己，因为我知道我已经尽我所能去应对恐惧了。

当你重新评估自己的焦虑时，你可能需要牢记这些例子提出的以下重要观点：

- 你可以看到，表面上看起来单一的担忧，有时会裂变成两个或更多担忧。重要的是，你要认真梳理自己那些担忧的想法，找出其中的不同线索，这样你就可以解决自己恐惧的方方面面了。要竭尽所能！在上面的例子中，这个女人的恐惧分为三部分：假设（她看到了一张蜘蛛网）、预测（附近会有一只蜘蛛）、结论（她应付不来）。在最后的"复盘"中，她谈及了所有这三个方面，然后又做了一些其他的事情，这也是很好的练习。
- 还是上一个例子，你可以看到，这个女人时刻准备着表扬自己为解决困难做出的努力；如果应对得不太好，她也不会打击自己。这是一个很明智的决定，因为这会帮助她建立自信，鼓励她继续努力。
- 你可以在所有的例子中看到，人们会做一些事情来验证自己的恐惧是否是有根据的（他们回答了问题 6）。在第一个例子中，那位忧心忡忡的同事立即验证了自己担忧的事。她当场就处理了自己的担忧——在那种情况下，这是一个非常合适的选择。第二个例子是一个害怕晕倒的人，你可以看到，他把"科学检验"的步骤放在了之后，计划通过询问朋友们对在公共场合感到不适或晕倒的人的态度来进一步检验他的恐惧。这会有助于他建立一个"数据库"，下次担心别人会对他做出不好的评价时，他就可以参考这个数据库。所以你可以看到，这是解决持续和反复出现的焦虑的一个特别好的方法。它非常有用，所以我想在这方面想多花一点时间展开论述。

重新评估你的担忧和恐惧：你身上的科学家特质

让我们重温一下第二个例子，我们暂且称这个人为史蒂夫。史蒂夫有两种恐惧：一、担心身体不适，担心自己会晕倒；二、担心如果他晕倒了，别人会看不起他。这些都是会反复出现的恐惧，它们变得如此强烈，以至于史蒂夫开始回避去公共场所。通过不断的观察和验证，他积累了大量的证据，帮助自己重新评估了长期以来的忧虑。他使用了三种策略：

- 通过回顾"理论 AB 对抗"（Theory A/Theory B）来检验自己的预测
- 尝试一种新的行为并检视其结果
- 调查别人的意见

1. 通过回顾"理论 AB 对抗"来检验自己的预测

史蒂夫认为，身体不适意味着人会晕倒，他使用了一种科学方法来检验这一预测，通常被称为"理论 AB 对抗"，因为它指的是两种相互竞争的理论——两种可能性。这是由认知治疗师保罗·萨尔科夫斯基（Paul Salkovskis）教授设计的一种策略，用来帮助有健康焦虑的人。然而，你会发现它其实可以用来检验各种焦虑信念。简单说来，你有两种理论（A 和 B）需要检测：第一种理论是"你的恐惧是有根据的，是真实的"；第二种理论是"是你的焦虑导致了这个问题"。首先，这两种理论都尚无定论，你不是在证明一种理论胜过另一种理论，而是在开放自己的思维。接下来，你只需要收集证据，看看哪个理论会得到更多的支持。这不是一个诱骗你以特定方式思考的把戏，而是一个真正的试验，看看什么是最有可能的。史蒂夫的理论是这样的：

- 理论 A：我的身体感觉意味着我要晕倒了。
- 理论 B：我的身体感觉是正常的，或者是我焦虑的结果。不管怎样，它们都是无害的。

首先，他简单记录了自己身体不适的次数，并记录了结果。他的"身体证据"是这样的：

场景	身体感觉	想法	发生了什么	理论 A 还是 B？
周三：和朋友在酒吧	有点头晕	我要晕倒了，我能感觉到。	我坐了下来，开始的一两分钟还好。我喝酒喝得可能有点快，被冲昏了头。	理论 B
周四：在上班的火车上	头晕目眩，不容易呼吸	我要晕倒了。我会倒在这里，倒在通道上。	我一直站着，望着窗外，（自言自语地）描述着我所看到的一切。我感觉不太好，但我没有晕倒。当我到达镇上时，其实我感觉还好。火车上很挤，我还站着，难怪我觉得怪怪的。	理论 B
周六：在商业街上购物	胸闷，天旋地转，感觉有点恶心	我讨厌购物！我应付不来，我要晕过去了。	跳上回家的公交，马上感觉好多了。	我不知道，因为我逃跑了。
周一：开会	心跳加速，紧张不安，头晕目眩	我很紧张，这让我产生了这些身体感觉，我要晕倒了。	我留在会议上做报告。做完之后，我就放松下来，感觉好多了。我没有晕倒。	理论 B

史蒂夫写了一个多星期的日记，记录了更多的经历。然后他回顾了所有内容，尽可能保持开放的心态。最后他得出了如下结论。

总的来说，理论B已经得到了验证：即便我有时会感到头晕，也不会晕倒。所以我现在了解到，感觉身体有些异样有可能是正常的，或者只是我的焦虑让我感觉更糟。最重要的是，我现在知道，身体不舒服不一定会导致昏厥。我还知道，如果我处于令人非常不快的情况下，比如置身于拥挤的火车上，分散注意力的方法可以帮助我。

2. 尝试一种新的行为并检视其结果

获得信心后，史蒂夫采取了进一步的措施，决定挑战自己过去无法面对的障碍。例如，他去了一个比当地商场还大的购物中心。这并不容易，但他发现自己可以应对——过程并不是一帆风顺，但他知道自己可以成功。这增加了他的信心，他也因为这次成功振作起来了。紧接着，他安排自己去了一家大型电影院。这是一个非常重大的挑战，所以他叫了一个朋友和他一起，结果同样相当顺利。史蒂夫发现自己需要重复做这些任务，才能保持一个良好的心态。他发现，虽然自己的第一次尝试是成功的，但还是经常感到不舒服；然而经过多次尝试，他越来越放松了。对史蒂夫来说，他的好奇心是一笔巨大的财富——与其带着恐惧面对挑战，不如好奇事情究竟会变成什么样。这让他又开始了一些新的尝试。开放和好奇的大脑是克服焦虑过程中的额外收获。

3. 调查别人的意见

史蒂夫对朋友们进行了一项简单的调查，这消除了他的第二种恐惧：人们会看不起他。他给七位值得信赖的朋友发了邮件，内容如下：

你好。你能回答我一个简短的问题吗？只需要1分钟。我只想知道，如果你在公共场所看到有人晕倒，你会怎么看待他们？谢谢。

——史蒂夫

他很快就得到了回复，内容包括如下陈述：

我会为他们感到难过。如果可以的话，我会想要帮助他们。

我会感慨一下“真可怜”，然后替他们担心。

我自己也经历过，所以我对他们的脆弱和恐惧感同身受。我会看看那些人是否一切安好。

我会怀疑他们生病了，然后四处看看是否有照顾他们的人。

如果是在夜店或酒吧外面，我会怀疑他们喝醉了，然后不会有什么反应！

我猜他们可能是不舒服，也许是商店太热了，或者火车太挤了，然后他们就晕过去了。人们都会这样，这不是他们的错。

我知道这是什么感觉，所以我会同情他们。

史蒂夫看了所有的回复，注意到有很多朋友说他们会感到同情；只有一个人的回复是消极的，而且是因为他认为晕倒的人喝醉了。史蒂夫得出的结论是：即使我晕倒了（现在我认为这不太可能），人们也可能对我很友好，他们会想帮助我。我完全相信这一点。你可以看到，这是一个检查你的“读心术”是否准确的好办法。

另一种检验恐惧的方法也出现在史蒂夫的脑海中。他看过一个电视节目，节目中一位害怕晕倒的女士和她的治疗师一起去了超市。治疗师假装晕倒，这样他的病人就会看到接下来发生的事情（她看到一两个人真的很助人为乐，但大多数都只关心自己的事情，没有人大惊小怪）。这给了这位女士假装自己晕倒的信心（当然是在另一家商店），她再次发现没有什么坏事发生，事实上人们都很体贴，很热心。她很快克服了恐惧。然而，史蒂夫无法想象自己能在没有治疗师的情况下做到这一点，所以他只能坚持自己做调查。不过有趣的是，他的妻子正处于怀孕初期，偶尔会因为低血压而晕倒。这意味着史蒂夫有机会目睹有人在公共场合晕倒的场景。他变得非常自信，认为即使一个人晕倒了也没关系，因为他发现妻子总是有时间稳住自己或寻求帮助，而且每次她都被善意对待。“侦探”史蒂夫用自己的观察建立了信心。

完成第三步的问题后，你可能会发现利用五号日记来总结自己的想法很有帮助。本书中的所有日记模板都有助于你捕捉自己的想法，更快地检视它们，从而更容易平衡你的思维。最终，你不再需要写日记，因为你已经养成了一个新习惯：遇事后退一步，暂时抽离出来，回顾那些令人担忧的想法和意象。不过，在你培养这项技能的过程中，你可能需要一些帮助。

使用平衡焦虑想法和意象技巧时遇到的困难

“我不敢相信事情会这么简单”

前文中的例子可能会让你觉得平衡忧虑和恐惧很容易——有时确实如此。但事情并不总是这么简单，否则你只要一直照做就好了，就不需要读这本书了。像所有的技能一样，它需要练习，所以你需要投入时间。如果可能的话，在你感觉不太焦虑的时候进行练习，这样你就可以尽可能地保持客观。在痛苦事件发生后的一段时间里，你可以选择在你感到平静或有朋友帮助你的时候，回顾自己那些焦虑的想法。使用五号日记记录自己对焦虑想法做出的详细反应。随着时间的推移，你会愈加熟练，能够快速解决那六个问题，也会更加不假思索地平衡你的担忧。最终，你可以做到即时解决问题，获得更多“立竿见影”的效果。真的就是这么简单。

“我无法控制自己的担忧”

如果你发现这是一个问题，相信我，你不是唯一一个这么想的人。最好的策略是尽快记录下你的想法，因为如果你能清楚地说出自己的担忧，就能更有效地管理自己的想法。用你的手机或一张纸（手边的任何东西）来捕捉、记录你当时的想法。

“我没法好好检视自己的想法”

焦虑的想法常常以问题的形式出现：“会发生什么事，我会晕过去吗？”或者“他们会不会认为我很蠢？”如果你的想法是这样的，那么不能对其进行回顾也就不足为奇了。你不可能和一个问题讲道理，也不能去验证一个问题，所以你需要把它变成一句陈述：“我担心我会晕过去。”或者“我担心他们会认为我很蠢。”如果你在检视自己的问题想法和意象时需要帮助，就去寻求帮助。你的朋友和伴侣都会非常支持你的，他们也许特别擅于提出其他的可能性和观点。

“同样类型的想法不断出现”

这样其实挺好的，因为它能让你更容易地控制自己忧心忡忡的想法或意象。我们的担忧通常有一个主题，这意味着我们可以准备一个“一刀切”的反驳陈述。例如，如果你的担忧总是围绕着生病，那么你可以设计一段陈述让自己安下心来，回应对不同类型健康问题的担忧：“我知道自己在过度关注健康问题，也知道每次我去看全科医生时，她都没有发现什么问题。我可能过于敏感了，把担忧抛在脑后对我来说不会有太大损失。”当然，你一定要相信这段陈述，这一点非常重要；正如我们之前提到过的，如果你不相信，那么单纯的重复是不会起作用的。

“我无法坚持自己平衡的新想法”

也难怪——这是一个全新的视角，可能需要一段时间来磨合。你可能会发现，完整地写下平衡担忧的新陈述会很有帮助。如果你把它们说出来，它们的作用会更大。此外，如果你养成彻底检查自己的恐惧和焦虑的习惯，你的思维管理技能会培养得更好——模糊的检视可能导致一个模糊的新的可能，而这并不会像明确的陈述那样令人放心。

“它花了太长时间才生效”

最终，对痛苦想法或意象的平衡反应会像现在的焦虑反应一样自动产生。然而，你应该预料到自己的生活有苦有甜：我们都是这样的。有些时候，你会感觉不舒服，或者疲惫，或者只是太痛苦了，以至于无法在有压力的情况下回顾自己的想法。不用担心！试着将分散注意力作为一种应对焦虑的方法，当你感觉平静下来的时候，再考虑平衡的视角。另外，如果你一直很难平衡自己的担忧，就试着去理解为什么在这种情况下你很难做到——这是有原因的，而且认识到自己的弱点是很重要的。

小结

- 我们的想法会影响我们的感觉和行为方式。
- 焦虑往往是由“扭曲思维”驱动的。
- 我们可以重新检视自己的思考方式，判断这种担忧、焦虑是否现实。
- 如果发现我们的想法不现实，我们可以找到一个平衡和理性的替代方案。
- 这包括成为一个能够思考的“哲学家”，以及一个能够验证新行为和新的可能性的“科学家”。

第12章

面对你的恐惧（1）：分级练习

我父亲过去常说，如果你从马上摔了下来，就应该尽快再爬上去。他是对的，这也是我所学到的，但我也知道我们不必一蹴而就。我学会了一步一步地面对自己的恐惧，并在这个过程中建立起信心。有时这是一个缓慢的过程，有时它需要很多的计划，但我最后总是能达到目标。

正如你在本书第一部分所看到的，人们有许多恐惧的事物：高度、演讲、辩论、旅行、动物、疾病、羞辱、闹市……这个清单是无止境的。与任何其他行为相比，逃避或延迟面对恐惧更会让你的恐惧持续下去，因此第12章和第13章致力于帮助你直面恐惧，这样你就可以停止逃避和拖延。现在你已经了解了自己为什么会害怕或担心，你也拥有了一些应对恐惧和焦虑带来的身体和心理压力的策略，是时候开始面对你的恐惧了。

在可能的情况下，最好按照自己的节奏来做，也就是说不要过快地承担过多的任务，而所谓的**分级练习**就是为了帮助你做到这一点，让你自己掌握节奏。但是，在开始讨论分级练习的细节之前，你需要了解，有时你可能没有时间做这件事——有时我们必须面对迫在眉睫的挑战。在这种情况下，解决问题的策略（第 13 章）将会帮助到你。我现在提到这一点是因为我想让你们知道，我们既有办法解决迫在眉睫的问题，也有办法解决那些会消耗时间的问题。你会发现还有其他章节可以让你更轻松地面对恐惧：第 14 章教你如何做到当机立断，它会帮助你面对困难的人际关系，而附录 A“浅谈时间管理”将帮助你处理那些你可能会推迟的任务。

通过分级练习来面对恐惧

首先，你必须了解自己的恐惧：你需要确切地知道什么让你害怕，因为不同的人对事物的恐惧也会有所不同。

- 两个有蜘蛛恐惧症的人：一个可以忍受房间的另一端有一只中等大小的蜘蛛，只有当蜘蛛靠近时才会感到害怕；另一个看到一只小蜘蛛的照片就会惊慌失措。
- 两个有社交恐惧症的人：一个害怕自己说话时口齿不清，害怕别人觉得她很蠢；另一个也害怕自己看起来很蠢，但只有在公共场合颤抖着签名时才会这样。
- 两个害怕旅行的人：一个不能长途出行，因为当他远离家或医院时，他就会害怕生病；另一个甚至不能乘坐短途的公共交通工具，他担心自己会在公共场合晕倒。

你可以发现，即使是乍看相似的恐惧实际上也有很大的不同。因此，你需要问自己：

1. 究竟是什么触发了我的恐惧？我脑子里在想什么？多大的蜘蛛会让我焦虑？当我在公共场合时，我害怕会发生什么？有什么关于出行的事能让我如此心烦意乱？想一想你的优势也很有帮助：

____

____

---

2. 我已经达成了什么成就？我能容忍蜘蛛离我多近？在公共场合我能做什么？我能出行多远，用什么方式？然后想想细节：

---

3. 做什么让我感觉更容易？想想一天中不同的时间段、不同的地方、你所在的公司，问问自己，什么能减轻你的痛苦：

回答这些问题以后，你就能更详细地描述你的恐惧了。如果你有蜘蛛恐惧症，你可能会发现：

如果我靠近一只蜘蛛，我想我会崩溃的。但只有大蜘蛛才会引发我的焦虑；我其实可以容忍小蜘蛛。我不能忍受和一只大蜘蛛共处一室，但如果我知道蜘蛛在另一个房间里，我还算放松。在白天或光线好的时候（当我能看到蜘蛛的时候），我没有那么害怕它们；当有人在我身边时，我也不那么焦虑。我更喜欢待在熟悉的房间里，因为我知道蜘蛛可能潜伏的地方。

如果你的恐惧集中在公众演讲上，问自己一些具体的问题，然后你可能会发现：

我的问题是害怕在半正式的场合面对十几个观众讲话。我担心自己会出丑。我不害怕小型的非正式讨论，也不怕可以读稿子的非常正式的大型讲座。我知道，在我已经有压力的情况下，这对我来说会难上加难——比如当我在国外或者很累的时候。我发现，和同事分担责任并事先做好充分计划会让演讲变得容易。

如果你害怕乘坐短途公共交通工具，你可能会发现：

我害怕在公共场合晕倒，我觉得在公共交通工具上的晕倒风险最大，因为整个人都会被包裹在里面，经常觉得自己呼吸不到足够的空气。我可以坐出租车，也可以坐本地的小巴，因为我认识小巴司机，他会让我坐在车门旁的靠窗位置，而且如果我需要的话，他会让我下车的。在更容易靠边停车的小路上我的感觉会更好；服用医生给我开的缓解焦虑的 β 受体阻滞剂后，我会更有信心。在没有药的情况下，如果我女儿和我在一起，我也可以多坐一会儿车。

你可能有不止一种恐惧；如果是这样，你可以针对每一种恐惧都做一下这个练习。第一步就是准确地描述你的恐惧：下一页表格的空白处供你详细地写下自己的恐惧。我还会举一个例子，展示一下如何做记录。

一旦你能够详细地描述自己的问题，你就有了制订分级练习计划所需的信息。这一计划将建立在你的优势和进步的基础上。尽管面对你的恐惧看起来很可怕，但你可以循序渐进地做。你的目标是尽自己最大的努力，但不是给自己压力。

这种有计划的分级方法可以提供一个逐步建立信心的机会，帮助我们克服恐惧，我们会了解到某些情境（或物体）其实并不危险，我们是可以应对的。这项任务具有一定的挑战性，因为直面恐惧并不容易，但你可以通过计划和准备让它变得更容易。最好先尝试一些相对容易的事情，然后按照自己的节奏进入更具挑战性的情境。这样，你就能在成功的基础上增强信心，再接再厉。

我的恐惧	这对我来说是什么感觉
蜘蛛恐惧症	我的焦虑是由大蜘蛛引起的，我能忍受小蜘蛛。我不能忍受和一只大蜘蛛共处一室，但如果我知道蜘蛛在另一个房间里，我还算放松。在白天或光线好的时候（当我能看到蜘蛛的时候），我没有那么害怕它们；当有人在我身边时，我也不那么焦虑。我更喜欢待在熟悉的房间里，因为我知道蜘蛛可能潜伏的地方。

分级练习分为三个阶段：

（1）设定目标：明确你的长期目标。

（2）分级任务：在成功的基础上仔细规划步骤。

（3）练习：反复地将计划付诸行动。

1. 设定目标

看看你对恐惧对象的描述，然后考虑自己想要做什么。一定要现实，要精确。你对自己想做的事情的描述就是你的目标。如果你有好几种恐惧，就分别对每一种恐惧进行描述。你的目标看起来可能是这样的：

我想要自己即使坐在光线不好的房间里，也可以感觉舒适。我希望哪怕房间里有一只大蜘蛛在墙上或地板上爬，我也可以继续待在那里，我希望自己能够做到这一点，即使只有我一个人，即使蜘蛛离我很近（不到一米）。我想拥有足够的自信，可以一个人走进我的花棚。

我希望能够在一个半正式的场合或在十几个观众面前展示工作项目。我希望自己可以不用稿子就做到这一点。我希望即使我压力很大，即使我独自一人做展示，也能够做到这一点。

我希望乘坐本地的公交系统在城里转一圈。我尤其想去朗敦镇看望我的女儿和外孙们，我希望在一天中的任何时候，我都可以坐在公交车上的任何座位上，独自完成这一任务。我也想不使用 β 受体阻滞剂就做到这一点。

这些目标是相当精确的，尽管有些陈述如果可以更精确一点就好了，例如，“光线不好”到底是怎么不好？“十几个”又究竟是多少个？明确定义的目标可以给我们确切的指示（这样我们就知道我们的目标究竟是什么），它还可以明确地定义终点（这样我们就知道我们什么时候可以实现这些目标）。我们很容易偏离模糊的目标，也很容易不相信自己实现了目标，所以精确一点还是好的。

如果你的目标不止一个，那就决定要先实现哪个目标——一次只能选一个。首先解决最简单的问题通常是个好主意，但有时有必要优先考虑一个特别紧急的目标。即使你选择的目标不是最容易的，你也可以通过将它分解成可实现的任务来让它变得更容易。

2. 分级任务

现在是时候计划一系列逐步增加难度的具体小步骤了，这样才能最终完成你的目标。第一项任务必须是可控的：记住，尽全力但不要有压力。所以问问你自己："我能想象自己花力气做这件事吗？"如果你的回答是"不"，那就让任务变得更容易一些。虽然你需要尽最大的努力，但你不必冒险：分级练习的目标要建立在一系列成功的基础上，所以要以成功为目的来做计划。在描述你的恐惧时，你需要问自己这个问题："什么对我来说更容易？"现在，你可以根据这些信息来调整你的计划，使之与你的能力相匹配——这会增加早期任务的可行性。随着你的进步，任务的设定需要变得更具挑战性，但要确保节奏是你可以控制的。

对一系列步骤进行分级时，首先要考虑自己的出发点或基线：你现在可以做什么。在此基础上，再问问自己：如果我能做到这一步，那么下一步我能做什么？同样，精确很重要。

这一系列的任务因人而异，因为你需要真正个性化自己的计划，让其为你所用。一个蜘蛛恐惧症患者的典型分级方法如下所示：

出发点：晚上，和我的伴侣坐在一个光线充足、熟悉的房间里（我们的客厅）看电视或看书。

第一步：独自坐在光线充足、熟悉的房间里看电视或看书。

第二步：和我的伴侣坐在一个灯光调得稍暗、熟悉的房间里看电视或者看书。

第三步：独自坐在灯光调得稍暗、熟悉的房间里看电视或看书。

第四步：坐在房间里，灯光调暗，在窗户附近（大约 3 米远）的罐子里放一只活蜘蛛。和我的伴侣待在一起。

第五步：坐在房间里，灯光调暗，在 2 米外的罐子里放一只活蜘蛛。和我的伴侣待在一起。

第六步：坐在房间里，灯光调暗，在 1 米外的罐子里放一只活蜘蛛。和我的伴侣待在一起。

第七步：坐在房间里，灯光调暗，脚边放着一个装有活蜘蛛的罐子。

和我的伴侣待在一起。

第八步：坐在房间里，灯光调暗，脚边放着一个装有活蜘蛛的罐子。独自一人。

第九步：坐在房间里，灯光调暗，一只活蜘蛛在房间里游荡。和我的伴侣待在一起。我打算在那里待至少 5 分钟。

第十步：坐在房间里，灯光调暗，一只活蜘蛛在房间里游荡。独自一人。我打算在那里待至少 5 分钟。

第十一步：和我的伴侣一起走进我的花棚。

第十二步：独自走进我的花棚。我完成了我的目标！

这只是解决蜘蛛恐惧症的方法之一。不同人的分级任务列表可能看起来完全不同。重要的是，你的清单是根据你的需求量身定做的。另一个人可能会觉得在房间里放一只蜘蛛之前有必要先看看蜘蛛的照片，或者在使用活蜘蛛之前先在罐子里放一只死蜘蛛。有些计划依赖于另一个人的帮助，但不是每个人都能寻求到帮助，这一点你也必须考虑在内。即使你已经将你的分级任务个性化了，其中的步骤也不是一成不变的——如果有必要的话，就对它们进行修改。例如，在你做分级任务时，你可能会发现你低估了自己的能力，你实际上可以同时处理两个步骤；或者你可能会发现你高估了自己的能力，你需要把一个步骤分解成两个或更多的小步骤。如果你想为自己创造最好的机会，这种持续的调整是正常和必要的。

再接再厉！研究表明，如果你尽最大努力超越设定的目标，它真的可以增强你的信心。所以这是你可以考虑的一件事情。上面例子中的人决定“多走一步”，想把活蜘蛛从罐子里放出来，让它在房间里自由活动，再用罐子和一张卡片把它抓回来，然后把它放在花园里。实现这一点使她超出了自己原本设定的目标，这大大巩固了她应对的信心。

为了帮助你更好地理解分级练习的可能性，下文还列举了克服公众演讲恐惧和使用公共交通恐惧的可行步骤。

害怕公众演讲

出发点：在四五个同事面前进行非正式的发言，或者在一大群冷淡的观众面前读稿子。当我相当放松并感觉准备充分时，在熟悉的环境中（我的办公室）与别人分担演讲责任。

第一步：在四五个同事面前进行非正式的发言，或者在一大群不熟悉的观众面前读稿子。当我相当放松并感觉准备充分时，在熟悉的环境中独自承担演讲责任。

第二步：在 10 ～ 12 个同事面前进行非正式的发言。当我相当放松并感觉准备充分时，在熟悉的环境中与别人分担演讲责任。

第三步：在 10 ～ 12 个同事面前进行非正式的发言。当我相当放松并感觉准备充分时，在熟悉的环境中独自承担演讲责任。

第四步：在 10 ～ 12 个同事面前进行非正式的发言。当我相当放松并感觉准备充分时，在不熟悉的环境中（例如，在分公司）独自承担演讲责任。

第五步：在 10 ～ 12 个同事面前进行非正式的发言。当我准备得相当充分，但有点压力时（也许那天我需要即兴演讲一部分内容，或者可能是在国外做这个演讲），在不熟悉的环境中独自承担演讲责任。我会达到我的目标的！

再接再厉：寻找机会做一个完全即兴的演讲。

在这个例子中，你会看到一些选择的余地，计划也可以很灵活，例如观众的规模或地点。你的计划必须是现实的，而这些选择可以让它更现实。

害怕乘坐公共交通工具

出发点：乘出租车或本地的小巴（坐在车门旁的靠窗位置，而且我相信如果我要求的话，司机会停下来让我下车）旅行几公里（最多 20 公里）；汽车行驶在小路上；服用 β 受体阻滞剂或者让我女儿帮忙。

第一步：乘出租车或本地的小巴旅行几公里（到 20 公里外的朗敦）；

坐在车门旁的靠窗位置；司机值得信赖。和我女儿一起乘车；汽车行驶在小路上；不服用 β 受体阻滞剂。

第二步：乘出租车或本地的小巴旅行几公里（到 20 公里外的朗敦）；坐在车门旁的靠窗位置；司机值得信赖。独自乘车；汽车行驶在小路上；不服用 β 受体阻滞剂。

第三步：乘本地的小巴旅行几公里（到 20 公里外的朗敦）；坐在过道侧位置；独自乘车；汽车行驶在小路上。

第四步：乘本地的普通巴士旅行几公里（到 20 公里外的朗敦）；汽车行驶在主要道路上；我会在安静的时候（中午）去，坐在靠近车门和窗户的地方；我会叫我女儿和我一起去。

第五步：乘本地的普通巴士旅行几公里（到 20 公里外的朗敦）；我会在安静的时候（中午）去，坐在靠近车门和窗户的地方；我会一个人去。

第六步：乘本地的普通巴士旅行几公里（到 20 公里外的朗敦）；我会在高峰时间（上午 8 点半）去；我要坐在靠近车门和窗户的地方；我会独自乘车。我就要达到我的目标了！

再接再厉：在这段旅程中，我会坐在离车门越来越远的地方，这样我就会有信心，即使我不能坐在车门附近，我也能完成这段旅程。我还会乘公交去更远的地方——40 公里之外的城市。

在这个例子中，你可以再次看到选择的余地以及计划的灵活性。

你还是要确保你的计划符合自己的预算和生活方式，虽然这是一件明摆着的事情，但是人们很容易对自己的资源过于乐观，野心过大。一个收入有限的人不能经常坐出租车，一个没有或很少有人帮忙照顾孩子的母亲无法经常独自外出。你需要仔细和现实地进行计划。

下面的表格可以帮助你制订自己的计划，但请记住，这不是一成不变的，在你朝着目标前进的过程中，你可能需要进行调整和更新。

我的起点	
步骤	
我的目标	
再接再厉	

3. 练习

现在你已经有了周密的计划，是时候把它和你所知道的压力同焦虑管理结合起来了。你一开始可能会不自信（毕竟你被要求去面对自己恐惧的东西），但你需要尝试每一步，运用你的应对技巧，直到你可以毫无困难地完成它们。然后你可以继续进行下一个任务，以此类推。不要被一些焦虑的感觉吓到，要相信这都是很正常的，因为你在尽自己最大的努力，你在学习控制焦虑而不是逃避它。

成功“3R”——想要有所帮助，练习必须做到以下三点：

- 练习要足够规律（Regular）和频繁，这样才不会丢失这些好处。
- 奖励（Rewarding）——承认自己的进步，学会表扬自己。
- 重复（Repeated），直到焦虑消失。

把你的进步记录下来是个好主意。日志可以帮助你了解自己的进度，帮助你回顾自己的进步并吸取教训——毕竟这是在学习新的东西。你需要选择最适合你的记录格式，下一页有一个日志示例，你可能想要使用类似的格式，或者你可能需要修改一下，以更好地适合自己的需求。调整你的方法来适应自己总是很重要的。

分级练习实例：应对蜘蛛恐惧症

我一直害怕蜘蛛，我真的很担心我会把这种恐惧遗传给我的孩子们。所以，我拜托一个朋友来帮我克服对蜘蛛的恐惧。她不害怕蜘蛛，所以她可以抓一只非常大的蜘蛛，把它放在一个罐子里，让我习惯它的存在。后来的某一天，她直接把蜘蛛放在了我的面前，把我吓了一跳。我说把我吓了一跳，是真的吓得跳了起来，蜘蛛非常可怕，直接把我吓哭了，我的恐惧比以往任何时候都要强烈。我很快就意识到，慢慢来才是最好的选择。所以我和我的伴侣制订了分级计划。

为了让自己做好准备，我使用了我一直在做的放松训练，以及我自创的“咒语”。当然，咒语的内容陈述的也是一个事实：“很多人都害怕蜘蛛，所以我这个人并不懦弱，也不怪异。蜘蛛不会伤害我的，我可以学着和它们相处。”我还知道，我可以分散自己的注意力，这可以帮助我做到和蜘蛛共处一室。

第一步走得很顺利，我很容易就放松了。我想我应该是低估了自己的能力，所以我直接跳到了第三步，独自坐在昏暗的房间里，也没有问题！把装有蜘蛛的罐子放在房间里对我来说要困难得多，我不得不刻意放松自己，分散自己的注意力，才能待在房间里。我把我的焦虑程度评为 9/10。我一直在演练这一步（每天一次），直到我的焦虑降至 4/10 左右，这个程度对我来说还是可以忍受的。然后我进入下一步（我的焦虑是 8/10），并重复了在上一步骤中做的那些事情，直到我的焦虑程度下降至可接受范围。事实上，我很快就实现了我的目标，尽管试图抓回逃跑的蜘蛛时，我还是有些迟疑不决。

步骤	练习前焦虑	练习后焦虑	进展如何	我学到了什么
1	9/10	4/10	比我想象的要难，但在苏的帮助下，我做到了，我没有惊慌。	我可以做到的：我会感到紧张，但不会惊恐发作。这很难，真的很难，但完成它的感觉真的很好，所以我不断告诉自己，练习是值得的。
1（再一次）	7/10	2/10	这一次轻松多了，我们甚至边笑边打趣。	练习会让事情变得更容易。我感觉更自信了。聊天可以分散我的注意力。
2	9/10	5/10	一个人很难做到这一点，但我进行了放松训练，通过看着窗外的景色来分散自己的注意力。我在去朗敦的路上并没有惊慌失措。	一个人很难，我必须努力应对，但我可以做些事情让自己轻松一些（放松和分散注意力）。我明白了“我能做”而不是“我做不来”。
2（再一次）	8/10	5/10	我又紧张了，所以我在等小巴的时候做了一次放松训练。我很紧张，但旅途还算顺利，没有惊慌。我现在可以告诉自己，一切都很好，我会没事的。	这对我来说还是挺困难的，但我做到了。我干得不错，对吧？我越来越有信心了，但我觉得这个步骤还得多加练习，因为它仍然是一个很大的挑战。我想让我的焦虑进一步降低。有备无患！

尽管我越来越自信，但抓蜘蛛这件事还是让我害怕，我不得不练习了好几次。但这是值得的，因为一旦我抓到了一只蜘蛛，我就感到非常自信；我也特别高兴孩子们能看到我的成功。我和伴侣之后还去了一家只用蜡烛照明的户外餐厅庆祝——我完全没事。

分级练习实例：应对公众演讲的恐惧

这些年来，我的恐惧与日俱增，我担心这会妨碍到我的职业生涯。所以我是有动力去做点事情的。我是一个有条理，做事很系统的人，所以制订一个分级计划对我很有吸引力。我为自己制订了一个“时间表”，列出了任务的内容、做任务前后的焦虑程度，并且随时记下自己从任务中学到的东西。第一步很简单，我选择了非正式的演讲，因为安排大规模的演讲不太可能。但其余的步骤组织起来并不简单，尽管我渴望取得进展，但我找不到什么机会面向十几个人演讲，无法将计划付诸实践。我跟一位朋友提到了这件事，他曾在治疗师的帮助下克服了飞行恐惧。他说他不可能一直坐飞机，所以他的治疗师鼓励他在脑海中想象自己坐飞机的场景。如果你脑海中的画面足够生动，你就可以感知到所有焦虑的情绪，从而在脑海中演练如何应对。我借鉴了他的做法。如果有可能的话，我会去做真正的演讲，但我也会在想象中练习，运用放松和自我对话技巧让自己同时掌控现实生活和想象场景。我认为这让一切都不同了，我相当迅速地推进了我的任务。但我在第四步遇到了一个小挫折。我当时在伦敦办事处，本来已经为接下来的演讲做好了充分的准备，却得到消息说我们海外办事处的一个团队将要加入我们。我不得不针对这个情况修改了自己的演示文稿。我变紧张了，我想我表现得没有像我希望的那样好。

但我意识到其实这已经“足够好”了，这是我以前接受不了的。这是一个很好的学习体验，虽然呈现了一些不“完美”，却让我发现这样也挺好。这使得剩下的任务变得更容易了，因为我可以放松下来，不必担心能否做到完美。我认为这种对完美的渴求是我问题的根源。最近，公司要求我代替一位生病的同事飞到都柏林参加一个小型会议：这是我的机会，看看我是否能“再接再厉”。我的午餐时间可以用来做准备——时间实在不算长，所以这意味着我要做一个相当即兴的演讲。我确实说错了一些话，但我很放松，还用它开了个玩笑，我的听众们看起来也很欣赏这种做法。那天晚上，我和我的朋友（那个不再害怕坐飞机的人）吃了一顿“成功克服焦虑的庆祝晚餐”，肯定了我们所取得的进步。

分级练习实例：管理对使用公共交通的恐惧

几年前，我在公交车上惊恐发作了，还下不了车。我知道那只是一次惊恐发作，不是什么真正的威胁，我也知道那可能是因为自己当时压力太大，我那时候很担心我们的财务状况和我妈妈的健康。尽管我明白这一点，我还是坐不了公交；随着时间的推移，我甚至完全避开了它，也越来越没有信心了。后来我女儿搬到了朗敦，除非我坐出租车或小巴（但只有罗杰开车才行，因为我相信他会让我坐在我想坐的位置上，而且如果我让他停车的话，他也会停车），否则我就见不到她。出租车的车费非常昂贵，罗杰会不定时地轮班工作，所以我很难安排行程；我甚至开始害怕在没有 β 受体阻滞剂的情况下乘坐出租车或小巴。所以我决定，无论如何我都要学会再次乘坐公交车。我女儿帮助我制订了逐步的计划，也尽可能地支持我。我们把这件事也告诉了罗杰，他也非常乐意帮忙。我决定要做的第一件事是停止使用镇静剂，并且一开始就成功地做到了这一点，我感到很高兴。我还知道一个可以在乘公交时使用的简易放松训练，它相当隐蔽，但非常有效——没有人会知道，虽然我坐在那里一动不动，却正在控制自己的紧张和呼吸，在脑海中想象舒缓的意象。我在上车之前也会进行练习，这是一个良好的开端。每当我完成一个步骤，我都会对自己说：“你今天学到了什么？我知道你能做到，你很坚强。你可能会紧张，但你不再惊慌了。干得不错。”我认为这确实增强了我的信心。最困难的一步是从小巴转向普通的公交。这一步我重复了很多次，才成功地缓解了我的焦虑。我真的需要一些支持，但我的女儿有时没空，所以我请了一个朋友和我一起去；作为回报，我会请她在朗敦喝下午茶。这个举措收获了意外之喜，因为我们过得很愉快，她也很高兴看到我的外孙。总的来说，这个计划运作得很好，而且随时会得到回报，因为我看到了我的外孙和女儿。我只用了大约一个月的时间就可以自己坐公交车了。我唯一没有做到的时候就是感觉不舒服的时候，举个例子，打完流感疫苗后我会选择出租车，因为我身体不舒服，真的不想去挤公交。我想我也许会把自己宠坏的，因为我知道，其实如果真的有必要，我也是可以坐公交的，但我选择了不坐。这就是和从前的区别：我现在可以真正地做选择了。

每个例子都说明了分级练习中的一些共同主题：

- 取得进步后奖励自己的需要。
- 回顾每一步进展的需要（用有形的记录来回顾你的进展，给自己应得的表扬和宽慰，是特别好的方法）。
- 对灵活性的需要。
- 对练习和演练的需要，直到你有足够的信心继续前进。

这些例子也提醒我们，有时候我们必须要有创造力，比如在现实生活中没有机会练习的话，就可以用想象力来帮助自己，或者找朋友帮忙。在想象中演练是一种非常廉价且有效的获得自信的方法，其有效性也得到了研究的证实。几十年来，运动和物理疗法一直在利用想象改善活动——改善受伤肢体的使用和提高运动成绩。现在，我们也看到心理演练对改善我们的精神状态同样有效。在第 10 章中，你已经知道了，想象抚慰人心的意象可以让人平静下来；还有证据表明，想象应对问题的意象可以增强信心，并对我们的实际表现产生影响。它没有任何花费，你几乎可以在任何地方做这个练习。它值得一试，因为如果它对你有用，它就会成为你应对工具箱中的又一个有力工具。

使用分级练习技巧时遇到的困难

“我无法继续下去了：我总是失败”

如果你发现一项任务太难，不要放弃，也不要觉得自己失败了——你只是野心太大了。你要找到使任务变容易的方法，也许是将其分解成两到三个较小的步骤。要做好挫折会时有发生（这是很自然的）的准备，当它发生时，想想你的任务。你是否高估了自己的能力，把任务设置得太困难了？你是不是在感觉不舒服、疲倦或压力大时做练习的？你是否还有其他事情困扰着自己，以至于你不能在练习中投入足够的精力？如果将自己的训练记录下来，你就可以更容易地找出为什么你在某些时间段里会遇到困难。然后，你就可以更好地思考如何调整自己的练习，并从中获得最大的好处。

“我会劳而无功的”

当你在任务层级上越走越高时，你很容易就会忽视自己的进步。你有没有发现自己会说：“哦，这个任何人都可以做到”或者“我只是在做一次短途旅行（或看蜘蛛）罢了，这有什么大不了的？”如果你正在克服恐惧，那么这些就都是大事。分级练习的目的是建立你的信心，要做到这一点，你需要承认自己的进步，并自我表扬。如果某一步走得容易，就表扬自己；如果走得不顺利，就试着理解为什么会这样，并据此修改你的计划。善待自己，鼓励自己。用日志记录你达成的目标，时不时回顾这些来提醒自己所取得的进步。

总之，无论你的进步有多小，都要表扬自己。试着不要忽视你的成功，尽量不要批评自己——鼓励才是最有效的。这样，你就能成功地达成目标，自信地面对恐惧。

另外，还要确保你的计划符合你的生活方式。如果你制订的计划因为生活方式的限制而无法实施或难堪重负，你就会陷入困境。一定要确保你的计划是现实的。

小结

- 为了克服恐惧，我们必须面对恐惧。就是这么简单！
- 目标可以通过安全的小步骤来实现，这样我们就可以在成功的基础上再接再厉。
- 详细的计划是非常重要的，这需要包括如何应对挫折。
- 反复练习对于提高自信是至关重要的。

第13章

面对你的恐惧（2）：解决问题

我还是不擅长在困境中保持完全的冷静，但至少我现在可以在危机中做一些积极的事情了。我有一个解决问题的模式，我用它来指导我的思维和计划。这让我减轻了很多压力，因为我会知道自己下一步该怎么做。其他人都认为我很冷静，因为我总是会问一些机智的问题，想出很多解决方案，而且非常擅于将它们付诸行动。我很惊讶，即使在不开心的时候，我也可以通过遵循解决问题的方案来取得这么多的成绩。知道自己有这个本事也有助于控制我的焦虑：我不太担心面对挑战，我认为我能很好地应对。

如果你有时间为自己制订一个计划，那么分级练习是面对恐惧的最好方法。但有时候这是不可能的，因为某些压力事件可能会突然发生，你没有时间一步一步解决它。婚礼、考试或假期等场合往往是固定的，我们会突然发现它们近在眼前。无论在什么情况下，直面紧急的问题都会触发惊慌，然后，如你所知，计划应对就更困难了。解决问题的方法给你提供了一个框架，让你可以组织你的想法和计划，即使是在你面对压力和挑战的时候。

你可能会遇到一个完全意想不到的事件，或者你可能不得不去处理一些你曾面对过的问题（但现在你发现自己几乎没有时间做好准备）。解决问题可以组织和集中你的思维，让你想出应对困境的办法，而不是在面对它时惊慌失措。它将帮助你挖掘自己的创造力，你会有更多的想法、更多的希望。

解决问题有六个步骤：

第一步：定义你的问题。
第二步：对解决方案进行头脑风暴。
第三步：查看你的资源。
第四步：评估每个解决方案的优缺点，并对它们进行排序。
第五步：选择一个解决方案并计划将其付诸行动。
第六步：回顾结果。

第一步：定义你的问题

明确你接下来的任务是非常重要的，同样重要的是不要混淆几个任务。有时你面临的问题是一个单一的挑战，但有时它实际上是由几个不同的挑战混合而成的，因此，如果必要的话，花点时间梳理一下不同的情况，找出不同方面的问题。如果你确定了问题的几个不同因素，就为每个因素都制订一个计划。例如，一场即将到来的婚礼可能会引发埃莎的以下想法：

下周我要去参加丽贝卡的婚礼了，在教堂和宴会上，我都要作为她最好的朋友站在她身边，还不能惊慌！

乍一看，这似乎是一个单一的问题，但实际上它反映了几个挑战，每一个都需要详细地描述：

1. “我在教堂需要应对自己的幽闭恐惧症。这意味着我要待在一个封闭空间里至少一个小时，没有伴侣的支持，还得站在离出口有一定距离的地方。”

2. “无论是在教堂还是在宴会上，我会在四五个小时的时间里成为众人瞩目的焦点，还不能感觉不自在或太恐慌。”

3. “婚礼预计会有大约 50 人。我的伴侣不会在我身边，我还得在一个封闭的空间（大帐篷）里待上三四个小时。我需要保持足够的冷静，才能和别人打成一片。”

你会注意到，埃莎仔细描述了自己的三个挑战，包括她需要做什么，在哪里，和谁在一起，持续多久。这对她的计划很有帮助，因为她很清楚自己要面对什么——含糊不清会让她很难想出合理的解决方案。

如果你发现自己的问题包含几个挑战，试着一次解决一个——一次解决多个难题是错误的，因为这会让人将问题混淆。完成了解决问题的第一步后，你会有几个解决问题的计划，这些计划加在一起就能解决问题的方方面面。如果你面临不止一个挑战，你可以选择你首先关注的那个——有时人们会先做最容易的任务，因为它更容易管理，这样他们就会有一个好的开始；有时人们会选择最困难的任务，因为如果将其解决的话，他们会更加自信。这取决于你，重要的是一次只做一件事。所以，选择你的任务，用非常具体的话语来描述它。下面的例 1 反映了埃莎的问题的第三个方面。她选择先解决这个问题，因为她有婚宴上的应对经验，所以她认为这是最容易解决的挑战。在例 2 中，你会遇到道基，他有一个工作上的问题亟须解决。他过去一直选择逃避，现在他只有两天时间来解决这个问题了。

例 1：埃莎——“下周六我得一个人去参加丽贝卡的婚宴。我和丽贝卡会坐在一起吃晚饭，和大约 50 位客人一起待上三四个小时。”

例 2：道基——“我必须在两天内见到我的老板，并提出加薪的请求，否则我将失去加薪的机会。”

第二步：对解决方案进行头脑风暴

这是一个尽可能发挥你创造力的机会，你需要想出尽可能多的方法来处理问题。为了充分利用第二步，你要充分发挥你的想象力，而不是评判自己的想法。在这个阶段，你的目标是提出一系列可能的行动方案，如果你停下来思考自己对它们可能会有的反应，你就会放慢进程。想出的解决方案越多越好，你可以稍后再对它们进行评判。

写下你所有的想法，不管它们看起来多么琐碎或离谱——你的一些“琐碎”或“离谱”的解决方案最终可能会是最有用的。换位思考一下，想象你的朋友、伴侣或老板在被要求提出一些想法时会如何进行回应，这通常是很有帮助的。如果可能的话，你其实可以寻求其他人的帮助——要知道，三个臭皮匠，顶个诸葛亮。

在下面的例子中，埃莎独自做了头脑风暴。你会看到，她只是在解决方案出现在脑海中时将它们草草记下，并没有停下来对它们进行判断，所以有些方案可能看起来有点奇怪或极端。不停顿的好处在于，她没有打断自己正在变得相当有成效的思路。你会看到，她最初的想法是尽可能地逃避（这是一个常见的起点），但随着她步入正轨，她的解决方案变得越来越有建设性。如果她停下来先回顾自己的想法，她就会失去头脑风暴带来的这种思维上的流畅性，也可能无法想出后来出色的解决方案。

解决问题实例：埃莎

问题：“下周六我得一个人去参加丽贝卡的婚宴。我和丽贝卡会坐在一起吃晚饭，和大约 50 位客人一起待上三四个小时。”

和丽贝卡坐在一起吃饭并不是什么大问题，因为埃莎知道聊天会分散她的注意力；她把关注点放在了晚餐后与客人相处的挑战上。

解决方案

- 躺在床上，躲在被子下面，说我生病了，这样我就不用去了。
- 向丽贝卡解释我的问题，表达歉意，这样就不用参加了。

- 在婚礼前吃点 β 受体阻滞剂让自己平静下来。
- 让我女儿代替我去。
- 晚餐时喝很多酒来壮胆。
- 回想一下我上次参加公共活动时是如何应对的，并再次使用那些策略。
- 计划好“逃跑路线”，如果我认为自己会恐慌，就可以用上它。
- 和我的伴侣练习闲聊，这样我就有话跟客人说了。
- 问问丽贝卡，我能不能带我的女儿一起去。
- 和朋友或伴侣坐下来，倾诉我所有的恐惧，这样才能正确看待事情。
- 婚礼开始前空出一个上午，让自己尽可能放松。
- 休息一下——我可以时不时地离开帐篷让自己冷静下来，然后再回到帐篷里。
- 休息的时候听些舒缓的音乐——我手机上有好几首不错的音乐。

解决问题实例：道基

问题：“我必须在两天内见到我的老板，并提出加薪的请求，否则我将失去加薪的机会。”

解决方案

- 用辞职来避免冲突或因为请求加薪失败而造成的尴尬。
- 说我病了，好给自己争取点时间。
- 问问同事我该如何表达我的诉求。
- 跟我的朋友阿里提前排练一下我可能会说的内容，做一些角色扮演。
- 见面前去酒吧放松一下。
- 做一些其他的事情来放松：我很擅长瑜伽冥想，还可以读一本好书来分散自己的注意力（我总是随身带一本书）。
- 请求时间宽限，好让自己准备得更充分一些。
- 询问是否可以通过电子邮件提交申请。

- 保持低调，错过今年加薪的机会。
- 提醒自己，如果拿不到加薪也不是世界末日，至少我可以为自己的努力感到自豪。

第三步：查看你的资源

在第四步中，你将用批判的眼光看待自己的想法，但首先你需要仔细想一下你需要得到哪些支持和资源来帮助自己。这些资源可能在你身边（例如，家人、朋友和现金流），也可能源于你自身（例如，良好的社交技能、可靠的记忆力）。当埃莎做这部分练习时，她回忆说，她的伴侣很支持她，他会在重要日子到来之前尽全力帮助她，尽管他不会出席婚礼；她有一个女儿，总是很阳光，也很支持她，会以非常有帮助的方式分散她的注意力；丽贝卡本人也是一位善解人意的朋友，她应该会理解埃莎的挣扎。埃莎已经学会了一些她可以使用的压力管理技巧，例如用舒缓的音乐来分散自己的注意力。

当道基进行类似的回顾时，他意识到他有阿里这个非常好的朋友；在工作中，他的同事乔安妮很善良，也特别值得信任。他也知道他有一个充满爱的家庭，无论他做什么，他们都会理解，这减轻了他的一些压力。他知道即使不加薪，他们的经济状况也不会出问题。最后，他认识到，理论上，他是一个能言善辩、思维清晰的人，比他的许多同事都要强。

第四步：评估每个解决方案的优缺点，并对它们进行排序

第二步给出了一个解决方案的清单，现在你可以仔细查看一下它们，并决定保留哪些解决方案、拒绝哪些。你需要根据你在第三步发现的资源来做这件事。所以客观分析一下每种解决方案的优缺点，这将帮助你看清哪些解决方案毫无成功的希望，哪些是真正的好方案，哪些介于两者之间。当道基分析用辞职来避免冲突，或因为请求加薪失败而造成的尴尬的利弊

时，他认为这样做非但没有好处，还会产生巨大的负面影响，因此他很容易就决定将这个方案弃之不用了。然而，当他考虑询问是否可以通过电子邮件提交申请时，影响就不那么明确了：好处是他会更放松，能够在电子邮件中更清楚、更有力地表达自己的观点；缺点是他认为如果他这样提出要求，就会显得他很古怪、很不自信。所以他决定保留这个方案，但只将其作为“终极手段”。当他回顾可能的解决方案“问问同事如何表达我的诉求”以及“请我的朋友阿里陪我排练我可能会说的话”时，他很清楚，这两个想法都很好，没有什么缺点，所以它们在清单上排名很接近，都位于前列。此外，他现在意识到乔安妮会是他最理想的咨询对象。

当你自己做完这个练习，你会得到一个清单，上面列举了所有有用的想法，你可以按有用性将它们进行排序，把最有用和“最可行”的一个放在你的清单的顶端，然后从那里开始。到了这个阶段，你可能还会意识到一些想法是相辅相成的，它们可以很好地协同工作。例如，道基意识到，他可以先向乔安妮请教如何措辞，然后跟阿里碰面的时候再进行角色扮演。

解决问题实例：埃莎

问题：“下周六我得一个人去参加丽贝卡的婚宴。会和大约 50 位客人一起度过三四个小时。”

埃莎仔细考虑了自己的想法后，很快就放弃了其中的三个方案，因为它们对她来说真的没有任何好处。

她拒绝了以下解决方案：

- 躺在床上，躲在被子下面，说我生病了，这样我就不用去了。
- 向丽贝卡解释我的问题，表达歉意，这样就不用参加了。
- 让我女儿代替我去。

然后，她仔细考虑了剩下的方案，拟定了一份清单。她排在首位的解决方案是花点时间回忆一下自己上次是如何应对的。她认为这样做也许能让自己平静下来，让自己安心。如果不行的话，她还可以尝试其他办法——和别人讨论当下的情况，练习社交聊天等。下面是她的列表，你可以看到她根据方案有用性排列决定的“终极手段”。她希望自己不必求助于 β 受体阻滞剂，所以她把它放在清单的最后；之所以仍然将其保留，是因为如果其他所有的方案都失败了的话，这也不失为一个选择。

我的解决方案清单：

- 回想一下我上次参加公共活动时是如何应对的，并再次使用这些策略。
- 和朋友或伴侣坐下来，倾诉我所有的恐惧，这样才能正确看待事情。
- 和我的伴侣练习闲聊，这样我就有话跟客人说了。
- 婚礼开始前空出一个上午，让自己尽可能放松。
- 休息一下——我可以时不时地离开帐篷让自己冷静下来，然后再回到帐篷里。
- 休息的时候听些舒缓的音乐——我手机上有好几首不错的音乐，可以帮助我冷静下来。

仅作为“终极手段”：

- 计划好“逃跑路线”，如果我认为自己会恐慌，就可以用上它。
- 晚餐时喝很多酒来壮胆（改成喝一两杯酒）。
- 问问丽贝卡，我能不能带我女儿一起去。
- 在婚礼前吃点 β 受体阻滞剂让自己平静下来。

解决问题实例：道基

问题：“我必须在两天内见到我的老板，并提出加薪的请求，否则我将失去加薪的机会。”

道基看了看他的头脑风暴清单，拒绝了其中的几个想法。他很快删掉了以下几个方案，因为从长远来看，他认为这些行为只会让他的处境变糟。

他拒绝了以下解决方案：

- 用辞职来避免冲突或因为请求加薪失败而造成的尴尬。
- 说我病了，好给自己争取点时间。
- 保持低调，错过今年加薪的机会。

然后，他浏览了一下剩余的解决方案，列出了自己的最终清单，其中也包括一套“终极手段”。他喜欢的解决方案是先和乔安妮讨论他的需求，然后再和阿里练习如何提出要求。如果这还不能让他平静下来，让他安心，他可以利用放松、分散注意力和自我对话等方案。如果所有这些都失败了，他还有终极手段清单。

我的解决方案清单：

- 问问乔安妮我该如何表达我的诉求。
- 跟我的朋友阿里提前排练一下我可能会说的内容，做一些角色扮演。
- 做一些事情来放松：我很擅长瑜伽冥想，还可以读一本好书来分散自己的注意力（我总是随身带着一本书）。
- 提醒自己，如果拿不到加薪也不是世界末日，至少我可以为自己的努力感到自豪。

仅作为“终极手段”：

- 请求时间宽限，好让自己准备得更充分一些。
- 见面前去酒吧放松一下（但不要喝太多）。
- 询问是否可以通过电子邮件提交申请。

第五步：选择一个解决方案并计划将其付诸行动

当你完成了自己的清单，只需采取你的首选方案，并计划如何把它付诸行动。要非常明确和具体——记住，含糊不清通常会使计划难以执行。

一定要回答以下问题：

- 我会做什么？
- 我要怎么做？
- 我什么时候做？
- 谁会参与？
- 会发生在哪里？
- 我的备用计划是什么？

备用计划指的是当任务比你预想的更困难，或者出现意想不到的事情使你无法继续原定计划时，你可以实施的计划。例如，埃莎可能会记住一个朋友的电话号码，如果她需要一些鼓励的话，她就可以给对方打电话。

解决问题实例：埃莎

任务：回想一下我上次参加公共活动时是如何应对的，并再次使用这些策略。

行动：今天下午，我会坐在我的卧室里（既安静又舒适）；在那里我不会被打扰。我会尽量回忆我参加的最后一次婚礼的细节，写下当时为了让自己留在那里所做的一切事情。这也会提醒我，让我知道自己是可以应对的。我会把这张单子随身携带，让自己安心。如果我想不出什么主意，我会给我的伴侣打电话，尽管他现在在外地工作，但我知道他会花一些时间和我通话的。如果我想不出主意，又联系不到我的伴侣，我会联系我的一个好朋友。如果这个解决方案对我还是不起作用，那也不是世界末日，因为我会继续执行解决方案 2，这意味着我会先找一位朋友，和对方进行讨论，他会帮助我正确看待问题的。

解决问题实例：道基

任务：问问乔安妮我该如何表达我的诉求。

行动：现在我会给乔安妮发短信，跟她解释我的情况，问她是否有空和我谈谈。我想尽快做完这件事。我会配合她的时间，到她家里去，或者在我的书房跟她会面——一切以她为主。我会做笔记，试着总结出几个选项，然后找出最好的那个。我知道，如果没有什么压力的话，我是可以做到能说会道的，所以我们会想出一些好主意的。如果乔安妮没空，我可以试试裘德或克里斯，甚至乔。如果因为某种原因，我不能和同事一起写出一个小脚本，我就会自己动手，然后选择方案 2：和阿里一起做角色扮演。

所有这些计划可能已经消除了埃莎和道基的焦虑——清晰的计划和备用策略通常可以让我们获得信心。但显而易见的是，我们仍然需要把计划付诸行动，而这可能会带来压力，因此，在可能的情况下，演练几遍任务还是有必要的。你可以在你的想象中做这件事（在你的脑海中不断地演练，直到你感到更放松），或者更好的方法就是让别人和你一起做角色扮演。还有一个方法，就是浏览所有的解决方案，看看是否可以将它们组合起来，以获得更好的效果。例如，你可能会发现“让我的朋友和我一起排练我要说的话”和“见老板之前进行放松让自己做好准备”关联紧密。一旦你准备好了，下一步就是付诸行动了：开始行动吧！

去做吧

这是你尝试自己的解决方案的机会，要确保应急计划到位，身心都做好了适当的准备。为了确保事情顺利进行，你已经做了周密的计划，但在现实生活中，有时会产生不可预见的障碍或问题，所以你要对不同的结果持开放态度。我们经常会从挫折中学到很多东西，所以挫折并不是世界末日，远远不是。不管你是否认为自己的行动取得了成功，你都需要回顾一下，看看你能从中学到什么。

第六步：回顾结果

如果你的解决方案有效且充分，那么就恭喜一下自己，并记住这一成功的经验，为将来做准备。永远要记得进行全方位的复盘，问问自己为什么会成功：你了解自己的优势和需求吗？这样做就可以“定制”自己的应对策略，使其反映你的需要，发挥你的优势。

如果你的解决方案不能解决你的问题，试着去理解为什么它不能——也许你野心太大了，也许你那天状态不好，也许你误判了别人对你的反应。无论你得出什么结论，记住，你没有失败。你可能会遇到挫折，但这与“失败”是截然不同的两个概念。我们可以从挫折中学习和成长。有时候会失望是正常的，但记得要表扬自己所做的尝试。从经验中学到尽可能多的知识，然后回到解决方案清单，选择下一个解决方案。

只要你需要，你可以随时查看自己的解决方案清单。你能够想出的解决方案越多，进行重新选择的余地就越多。

使用解决问题技巧时遇到的困难

“我的解决方案没有奏效，我不知道该怎么办！”

记住，充分准备非常重要。全面的头脑风暴是解决问题的关键；没有它，你将缺乏解决方案和备用计划。在你制订了具体的行动计划之后，要经常问自己可能会出现什么问题，并准备好备用的解决方案，制订应急计划。这会对你很有帮助，因为你可以背靠一些东西，而且想一想，当你知道自己有许多选择的时候，你会感到多么自信和平静。

“我不可能把逃避和使用药物等无益的解决方案包括在内。”

为什么不呢？逃避和服用药物不是理想的方案，当然也不是一个长期的解决方案，但当你不得不面对恐惧，又不适合正面解决问题的时候，这会是一个可以接受的折中方案。你确实需要先考虑其他的选择，但是如果你在求助于“无用”的解决方案之前尝试过的其他应对方式都不管用，那就接受你已经尽力了的事实。有时候，我们不得不用自己不完全满意的方式来处理困难。随着时间的推移和处理问题情况的练习，你将能够更好地使用自己比较满意的策略。

最后一点：当你发现自己处于需要立即采取行动的情况下，解决问题是一种有用的技巧。然而，如果可以的话，还是要提前做好计划，尽量不要把对困难任务的思考推迟到最后一刻。

小结

- 有时我们几乎没有时间为面对恐惧做准备。
- 在这种情况下，我们可以使用解决问题的步骤来想出办法。
- 该方法包括：定义问题，以个人资源为基础集思广益，提出各种解决方案，并彻底回顾结果。
- 解决问题给了我们一个组织自己计划的框架，从而减轻了一些压力。

第 14 章

当机立断

这在其他人看来可能有点搞笑——我要么胆小如鼠，要么就暴躁如牛。我似乎无法在这种矛盾中找到平衡。我从来没有得到过我真正想要的，这太令人沮丧了。自信训练让我既不像鼠也不像牛了，我越是练习正确地当机立断，就越容易做到当机立断。我甚至发现，在我不高兴的时候，我也可以做到这一点；即使在情绪最激烈的时刻，我也可以保持冷静和公平。我的工作变得更加愉快，我周围的员工也很放松，因为他们认为我很通情达理。

当机立断是又一种可以帮助你管理担忧、恐惧和焦虑的技巧。它描述了一种在尊重他人的同时，将自己的需要、感受或权利传达给他人的方式。因此，当我们必须处理涉及其他人的障碍时，当机立断在处理压力方面就变得尤其有用，例如说“不”，或将货物退回商店，或在生气的时候控制住自己的脾气。

当机立断关乎平衡：平衡你与其他人的需求和权利。与某些人的想法相反，这不是要你不惜一切代价得到自己想要的东西——那是欺凌，是对他人的不尊重。但是，轻易屈服于别人的要求可能是对你自己的需求和权利的不尊重。向别人让步更容易避免冲突，你可能会认为这是值得的——你可能是对的，然而也要考虑到长期的后果。如果屈服对你来说没有什么不利，那好吧，你可以这么做；但如果这意味着你被施加越来越多的压力，或者如果你最终觉得自己被贬低了，又或者如果某些事情变得越来越难，例如控制你的孩子或者让你的需求得到满足，那么你可能需要考虑变得更加当机立断。

尽管有些幸运的人觉得当机立断很容易，但很多人觉得这很难做到。所以，如果当机立断对你来说是一种挣扎，你不是一个人。挣扎的原因包括不知道当机立断的基本规则或对自己的权利没有信心，还有低自尊、感觉不值得或难以控制愤怒。幸运的是，想做到当机立断是有“诀窍”的，我们会在本章中进行快速介绍。我们也会好好讨论一下你的权利，看看你能如何有效地表达它们。

基本规则

正如我们已经了解到的，当机立断意味着以一种明确的、尊重自己和他人的方式进行交流。这意味着不要被动、咄咄逼人或操纵他人，因为这些方法都没有显示出任何的相互尊重。操纵行为是一种攻击形式，但通常会披上一层具有迷惑性的伪装，因此很难被视为不尊重行为，而这也使得它成为一种强大的攻击形式。“迷人的”操纵者会进行哄骗和奉承：“我让你这么做只是因为你太聪明了。”“我说‘不’的时候只会考虑这对你会有什么好处。”这样的话让人很容易被蒙蔽，以为自己没有被欺负。

当机立断介于被动和攻击或操纵之间。

很简单，如果我们是被动的，我们就没有尊重自己；如果我们带有侵略性或操纵性，我们就是不尊重别人。当机立断的目标是实现一种特殊的互动，这种互动既不会影响任何一方，也意味着平衡。被动是不平衡的，被动者虽然避免了冲突，却没有尊重自己。咄咄逼人或操纵他人会将天平向另一个方向倾斜，它们的目标是赢得胜利，而无视对方的权利。

被动的人往往会避免冲突，无法做出决定，总是以取悦他人为目标。如果你是这样的人，你可能已经发现自己会经常感到沮丧，因为你没有让自己的需求得到满足；你甚至可能已经开始愤恨，感觉被贬低了——这两者对你的自尊或压力水平都没有什么好处。

公开攻击型的人可能会表现得很强势，甚至霸凌他人，在追求胜利的过程中忽视他人的权利和需要。如果你属于这种类型，那么你会在短期内得到你想要的，但你需要问问自己，从长远来看，这种方式是否真的适合你。你的人际关系能维持下去吗？你真的自我感觉良好吗？

操纵者的攻击性被巧妙地隐藏了起来。这类人可能看起来很体贴，但他们会用一种魅力去掩盖情感勒索的本质，或者他们可能会说一些旨在破坏对方信心的话。他们在进行不公平的战斗。同样，如果你倾向于成为一个操纵者，问问自己，从长远来看，这是否真的适合你，或者你是否发现自己失去了朋友，失去了他人的信任和尊重。

当机立断者会从全局出发，考虑到各个方面，他们可以用自身的案例来证明什么是公平。他们的目标是清楚而满怀尊重地说出他们想要什么，这与被动和攻击型的人完全不同。

如果你意识到自己需要变得当机立断，你最好的出发点就是做好充分准备：准备好你的自信陈述，当然还有你自己。通过练习，你的自发性会得到提升，但在最初的那段时间里，你需要投入相应的准备时间。这需要遵循以下四个步骤。

第一步：决定你想要什么。

第二步：说出你想要什么。

第三步：做好被拒绝、被操纵的准备。

第四步：做好谈判的准备。

第一步：决定你想要什么（并确保它是合理的）

聚焦自己，然后问自己：我想要什么？这个问题听起来就像明摆着一样，但是如果你习惯于把别人放在第一位，你就很难考虑到自己的需求。所以，暂时忘掉其他人，想想你的愿望，然后清楚地表达自己的愿望。例如，你可能想要一台新电脑用于工作（“我想要一台新的工作电脑”）；你可能想要你的孩子每天晚上自己整理他们的玩具（“我要你们在睡觉前把玩具放好”）；你可能不想帮朋友搬家，想拒绝她的要求（“下周我不能帮你搬家”）。你还应该考虑一下自己对当前情况的感受，因为这可能与你要准备的论点有关。你觉得受伤、难过、沮丧吗？

现在是时候考虑别人的观点了。你通过问自己一个问题来平衡你的愿望与他人的需求和权利：我是否公正？如果你喜欢咄咄逼人或操纵他人，这对你来说将是一个较大的挑战，但请试着设身处地为他人着想，从他们的角度看问题。一个不偏不倚的论点要比咄咄逼人的论点更有吸引力。记住，你的目标不是不惜一切代价赢得胜利，而是提出合理和周到的建议。当你把事情想清楚后，你可能会得出这样的结论：

- 虽然你可能已经意识到部门的资金有些紧张，但是你有理由要求公司买一台新的电脑，因为你的团队成员用的大多是最新型号的电脑。

- 让你的孩子在睡前整理他们的玩具是合理的，因为你的家很小，客厅很容易就变得乱七八糟，而且他们需要养成自己收拾的习惯。当然，你也可以考虑让他们在自己的卧室里享有更多自由（相应放宽对整理的要求）。
- 拒绝你朋友的要求是合理的，因为她没有事先通知你，而且你也已经有了其他安排。

接下来，你仔细考虑你的论点，试着向对方解释清楚：如果他们配合，会产生什么结果。论点可以是积极的："这会帮助我提高工作效率，我不会因为电脑故障而浪费时间。""如果你们在一周的时间内，可以每天晚上都自己整理玩具，我就会给你们额外的零花钱。"或简单实际的："如果你没有权利批准给我一台新电脑，我将通过区域总部提出我的请求。"又或者可能会传递负面信息的："如果你一直打电话让我帮你搬家，我就再也不接电话了，这已经干扰到我的工作了。"总的来说，积极的论点会更有效——奖励比惩罚更有效。举个例子，从长远来看，奖励孩子的良好表现要比惩罚他们的不当行为更好。

第二步：说出你想要什么

现在你已经有了可以自信陈述的基础：你知道你想要什么，你相信它是合理的，你已经考虑过结果了。是时候对要说的话进行预演和排练了，如果你遵循以下规则，就可以让自己的论点更有效：

- 态度积极，善解人意。
- 保持客观，不要人身攻击。
- 陈述结果。
- 简明扼要。

我需要一台新电脑，我的旧电脑已经不行了。虽然我知道我们的预算可能不太宽裕，但我还是需要一台新电脑才能正常工作。如果你能同意的话我将不胜感激，但如果你没有权利批准的话，我将通过总部提出请求。

爸爸和我对你们爱护玩具的方式很满意，现在我们需要你们在睡觉前把它们整理好放在客厅里。我不介意你们在自己的卧室里放些玩具，但是客厅是我们所有人的，我希望在一天结束的时候我们的客厅是干干净净的。如果你们按照要求这样做的话，我和爸爸会很高兴，而且会在周末给你们更多的零花钱。

通常我是很乐意帮忙的，而且我知道你搬家有很大的压力，但这次我真的去不了。我下周有其他的事情要做，已经安排好了。周末我可以花一两个小时帮你打包，但搬家我就无能为力了。

你可以看到，这些陈述都不复杂，也不冗长，而且它们听起来都很有礼貌，开头都很积极。这就是一个好论点的本质，它会让对方参与进来，让他们听到你的发言。但如果你是持着批评或消极的态度，他们的注意力就会分散掉，也不会配合你。

一旦你有了一个好论点，就需要用最好的方式将它表达出来。注意你的肢体语言和措辞，这样，你在提要求的时候就能传达出既非胆怯，也不咄咄逼人的信息。为了简化这一过程，我在下面列出了一些可以让你的陈述发挥最大效果的小技巧。

- 面部表情：尽量使用坚定、友好的表情。不要使用紧张、挑衅或暗示你很紧张的表情。
- 姿势：抬起头来（但不要抬得太高，别让自己看起来很傲慢）。不要低头，这会让你看起来很顺从。
- 距离：不要太近，但要让对方能听见你说话，而且可以进行良好的眼神交流。
- 手势：做手势时要放松，不要传递威胁的信号，比如不要摇手指。

也要确保你没有做出像绞手这样看起来很紧张的手势。

- 眼神交流：不要盯着对方看，但也不要害怕直视对方的眼睛。一种令人舒适的模式是在谈话中将视线游移在对方的眼睛和嘴巴之间。
- 声音：保持你说话的音调、音量和节奏，最好让你的声音听起来是冷静的、经过深思熟虑的。尤其不要让你的音调或音量升高，我们一旦感受到压力就很容易这么做。
- 词汇：使用积极的、不带批评意味的词汇和短语——你的目的是让对方参与进来，而不是制造冲突。也要意识到对方的论点，设身处地地理解对方，而且永远不要攻击对方。

最好的“诀窍”可能就是保持冷静，这往往说起来容易、做起来难，但是现在你已经很好地掌握了压力管理策略，并且很可能已经为自己量身定做了不少策略。尽管如此，下面还是简要提醒一下保持冷静的几个关键点。

- 做好准备：如果可以的话，搜集证据来支持你的论点，然后演练一下你想说的话。在朋友身上试一试，争取得到一些反馈。
- 意识到你的感受，试着“后退一步”，暂时从中抽离出来，但不要忽视它们。
- 尽早控制紧张和愤怒，越早处理越容易。截至目前，你可能已经掌握了一套技巧，可以很好地管理自己隐藏在无益情绪背后的想法。
- 编写一套属于自己的“咒语”来帮助自己保持冷静。
- 使用身体放松技巧，平静、有规律地呼吸。
- 必要时分散自己的注意力。
- 抓住重点：尽可能多地重复自己的想法，不要偏离主题。

请原谅我的重复，但这一点非常重要，值得再说一次：自信的目的不是不惜一切代价赢得胜利，而是要达成一个全方位合理的解决方案。因此，这可能会涉及谈判和妥协。你最强大的立场是你已经考虑过自己准备妥协至何种程度的立场，所以：

- 提前想清楚自己会妥协到什么程度。
- 设定好你的极限，并准备好坚持到底，除非你的谈判真的改变了你的想法。
- 如果你坚持自己的立场，就得接受它带来的后果：对方可能不配合，甚至会充满攻击性。我们会在第三步中详细讨论如何处理这种情况。

在上面的例子中，妥协可能是这样的：

准备等到下一个纳税年，等部门有了新预算以后再申请一台新电脑，但绝不会再等更久了。

允许孩子们把玩具放在他们自己的房间里。如果他们特别累，可以暂时帮他们整理好在客厅里的玩具，但还是会坚持把整理玩具作为他们的责任。

如有必要，在搬家当天通过短信给对方提供建议。

第三步：做好被拒绝、被操纵的准备

你终于可以迈向自信了。如果你做好了充分的准备并且充满自信，别人就很有可能倾听你的意见。然而，你也需要为其他人选择不“加入游戏”做好准备，例如对方有可能很不尊重你，完全不听你说话。如果对方只是拒绝你的请求或拒绝接受你的论点，那么你可以保持冷静，毕竟你已经考虑过这种情况了，你会去找上级，你会停止接听电话，等等。虽然很遗憾，但你不得不这么做，因为这总比屈服要好得多。

更难对付的是那些利用魅力或霸凌来达到目的的“操纵者”。他们会试图让你感到受宠若惊或内疚，从而暗中伤害你。我们怎么知道自己被操纵了呢？信号就是我们会对自己的请求感到不安。

想象一下，你笃定老板给了你太多的工作。你想得很清楚、很透彻，还和朋友讨论了一番。虽然你知道部门很忙，但你仍然觉得你的负担不合理，现在你提出要求少做些工作是很公平的。而你的老板不尊重你的陈述，不考虑你的观点，而是用操纵性的批评来回应你，意在让你感到内疚或陷入迷惑。你的老板可能会使用以下诡计：

- 唠叨："先别管这个，你还没做完吗？你知道你的问题出在哪里吗？是你太慢了。现在回去继续干活吧。"
- 教训："很明显，真正的问题是你缺乏组织能力，你应该做的是……"
- 侮辱："这就是女人：在现实世界里什么都应付不来。"
- 伤害："你让我感觉很糟糕……"

你老板的回应可能会比这更微妙。他会对你进行具有操纵性的"关心"，目的是在不接受你的要求或观点的情况下，给你一种他很支持你、很感激你的错觉。这种策略非常有力，因为我们感觉会很好，不会意识到自己被操纵了；之后现实可能就会打击到我们。如果你的老板虚情假意，你可能会听到下面这些话：

- 体贴："听起来确实很不错，但我真的觉得大量的工作会提高你的技能，是对你最有利的。"
- 担心："如果你确实有这些问题的话，我建议你考虑一下自己是否真的适合这份工作。"
- 建议："我跟你说，如果我是你的话，我会这么做……"

这些回答都是为了把你的需求和权利边缘化，转移你的论点。为了解决这个问题，你需要培养坚持立场的技能和信心。这里有两个特别有用的方法可以帮助你在处理操纵性批评和虚情假意时更加当机立断：

- 使用"破唱片"法。
- 做好应对批评的准备。

这也有助于唤醒你对自己的基本社会权利的认识。我们中的一些人，尤其是那些比较被动的人，往往会低估自己的权利，而这会是我们在自信道路上的一大阻碍。记住，我们每个人都有以下权利：

- 被尊重对待的权利（这一点非常重要）。
- 说出我们想要的、表达意见的权利（当然也要尊重他人）。
- （在合理范围内）犯错误的权利。
- 检视情况后改变想法的权利。
- 不知道 / 不理解某事，并要求知道更多信息的权利。
- 要求澄清论点，让我们知道自己在处理什么的权利。
- 给自己足够时间的权利——你可以说："让我考虑一下。"或者："我一会儿再给你答复。"又或者："我现在不能做决定，我得再考虑考虑。"

记住，你的权利会让你在采取果断立场时更加坚定和自信。

另一种有用的方法是提醒自己，你已经仔细考虑过你的论点了，你知道这是公平的——如果你有疑问，可以找朋友核实一下。一旦你确信自己的说法是合理的，就坚持下去，使用一种被称为"破唱片"的策略。

"破唱片"

这个技巧的名字很贴切：就像一张坏了的唱片一样，你只需要不断重复你的论点。如果我们不够当机立断，就会很容易接受"不"作为答案，而且也不会坚持表达自己的观点。当机立断的一个基本技巧是坚持和重复你想要的——以平静的方式。记住，你已经认定自己是在做一个公平合理的陈述，所以要坚持下去。面对无理的反对（也就是说，当对方没有倾听你的论点时），只需重复你的信息。你会发现，经常这样做以后，对方就会开始倾听了。

当你的权利明显有被伤害的危险时，当你很可能被言辞清晰但毫不重要的论点转移注意力时，或者当对方用批评来破坏你的自尊，让你感到脆弱时，这是一种特别有用的方法。重要的是，在知道自己很公正，知道自己要说什么的情况下，一旦你准备好了你的“脚本”，你就可以放松下来，重复自己的论点。这意味着无论对方如何苛责，如何操纵，你都不太可能被引到岔道上，做原定计划以外的事。

显然，如果你一遍又一遍地使用完全相同的陈述而没有变化，它就会变得很乏味，所以你可以每次稍微改变一下措辞方式。你将在下面的例子中看到，面对会让你内疚和自我怀疑的咄咄逼人的操纵行为时，如何坚持自己的立场。

为了能更有效率地工作，我需要一台新电脑。

老板：对不起，你要求的太多了。

只有在拥有一台可靠的、功能强大的电脑的情况下，我才能有效地工作。

老板：你让我很为难。

尽管如此，我还是需要一台新电脑来完成我的工作。

老板：其他人都没要求新设备。

也许吧，但我需要这台电脑。

老板：我确定你是在夸大其词。

我没有。如果你需要我有效率地工作，我就需要一台像样的电脑。

在许多情况下，与你打交道的人渐渐都会开始倾听你的论点。然而，有些人可能会玩下流的把戏，用赤裸裸的侮辱来试图操纵你，但凡这些批评有一点点道理，你都会手忙脚乱。这就是操纵者的目的，因为如果他们能让你偏离你的论点，他们就更有可能破坏你的努力。所以，一定要做好应对批评的准备。

做好应对批评的准备

你可以通过做好准备接受批评来高效地对抗压力。如果你没有准备好，那么操纵性的批评可能会让你自我感觉很糟，以至于你会同意做一些你不愿意做的事情。针对我们的批评往往包含着一点事实，这就是为什么它能如此有效，但它被夸大了。

例如，老板可能会说："你就是这样，你总是要求太高，永远得不到满足！"

要说一个人标准很高，在过去要求过一些东西，这可能是真的；但要说他"总是"要求很高，"永远得不到满足"，这可能就太夸张了。

朋友可能会说："你就只关心你自己，你太自私了！"

同样，这个人也许现在考虑的是自己的需求，但这并不意味着她是"自私的"；她可能考虑过维护公平。这个批评夸大了事实。

然而，如果我们没有做好准备，这些操纵性的评论很容易引发内疚，然后我们就屈服了。

关键在于，不要被批评牵扯精力——就任对方去说，回到你自己的论点上来。如果你提前考虑过自己可能会遇到什么，这就容易多了。如果第一个例子中的男人意识到他确实有很高的标准，或者第二个例子中的女人意识到她确实是在为自己要求一些东西，那么当他们受到批评时，他们就不会感到惊讶。然后，他们就能够冷静地接受批评，承认其中可能确实有点道理，然后回到他们的论点上。例如：

你就是这样，你总是要求太高，永远得不到满足！

我确实对工作要求很高，以前也提过一些要求，我不否认。但是我已经仔细考虑过了，我需要一台新电脑。

你就只关心你自己，你太自私了！

对，我是在考虑自己的情况，但我已经仔细想过了，我确实还有其他事情要做，所以这次帮不了你，我觉得我的拒绝也是合理的。

用这种方式回应批评也能让局面保持冷静，让你有时间思考清楚，这意味着你的反应是克制的、是明智的。你可以避免产生冲突，直接回到你的“破唱片”技巧上来。例如，想象一下这样的情景，当一个上司喊道：“这就是女人：在现实世界中什么都应付不来！”

一个冷静、客观的回应可能是这样的：

你说得没错，我应付不来，这就是为什么我会站在这里。我想让你意识到这个问题：你给我的工作太多了。

先别管这个，你还没做完吗？你知道你的问题出在哪里吗？是你太慢了。现在，回去继续干活吧。

你说得对，考虑到我要处理的工作量，我跟不上了。这就是为什么我希望你能认识到这个问题，我现在负担过重。

现在你让我感觉糟透了！

我很抱歉让你感觉这么糟糕，但我还是想让你知道，你给我的工作量已经超出了合理的范围。

事实上，只是回应一下批评——“我同意我不整洁”“我很抱歉让你感觉受到了伤害”，等等，就可以为你争取时间。你可以对批评和你的回应进行思考，这样你会更有能力抵制对方的操纵行为。

你的对手会希望你偏离自己的自信论点。要避免这种情况的发生，只需承认对方的批评，冷静地同意其中的事实，控制住自己的反驳，别参与进去。这真的很难，因为想为自己辩护是人类的本能，但请记住，不为批评所牵扯会让你保持冷静。然后你就能控制住局面，也可以头脑更加清晰地思考。所以，如果有人很刻薄，想要转移你的注意力，他会说：“你的外貌简直是一种耻辱，你太邋遢了，你应该为自己感到羞耻。”你也许可以回答：“是的，我可以再整洁一点。不过，我想说的是……”

如果你能够接受自己所有的缺点，那么承认这些缺点就不会让你感到痛苦，也不会分散你的注意力，并且还会让对方结束对你的攻击。

了解自己的致命弱点：除了通过意识到自己可能会受到批评，对此做好准备外，你还可以通过意识到自己的“致命弱点”来强化自己的立场——要知道是什么引发了你的罪恶感、羞耻感或不安全感。例如，任何有固定信念“我应该取悦别人”的人都有致命弱点，这种信念会让他在面对“自私”的批评时崩溃；那些认为“我不重要，我的需求也不重要”的人会很轻易地接受“不”作为答案。

如果你读过这本书的前面内容，你可以已经非常清楚那些容易使你成为操纵者攻击目标的信念了，所以要谨慎对待它们。

第四步：做好谈判的准备

鉴于当机立断的目的是提出一个各方都觉得合理的解决方案，妥协和谈判是相当常见的。你得做好准备。谈判是一种通过练习和自信来提高的技能，如果你刚刚开始，能做到以下几点的话会让谈判过程简单很多：

- 已经想清楚要妥协到什么程度了。
- 已经提前做了功课，获得了足够的论据，并排练了你的脚本。
- 保持冷静。
- 要求对方澄清论点，这样你就知道自己在处理什么了。
- 试着理解对方的立场和需求——你的目的是讲道理。
- 尊重他人，要富有同理心，永远不要攻击别人——这会是保持良好沟通的前提。
- 坚持你的观点，不要被引入岔道。

在谈判中，一个好的出发点就是用“我理解……”这样的短语作为开场白，然后反映你所看到的对方的处境和不满。这样做有三点好处：它可以让你从感同身受的角度去看待别人的观点，能给你留出片刻时间保持冷静，可以彰显你是一个通情达理的人。如果你能做到这一点，你在进行的就更有可能是一场真正的对话，而不是一场徒劳无功的战斗。

我们回到让孩子们整理玩具的例子。你已经决定了自己会妥协到什么程度：允许孩子们把玩具放在自己的房间里，如果孩子们特别累的话，帮助他们在客厅里整理好玩具；你也提前做了功课，和其他父母谈过了，知道了孩子们通常会有什么反应。你让自己尽可能地平静下来，告诉孩子们你需要他们做什么，然后你会听到："但这不公平！你太小气了！""但我们不行，我们自己就是做不来！"

你仍然保持冷静，首先问他们为什么会认为这不公平，他们说其他孩子都不用这么做。你已经提前做了功课，所以你可以平静地告诉他们，他们错了，你知道其他孩子经常会自己整理玩具。这点不用讨论，因为事实就是事实，所以你继续要求他们澄清第二个论点——他们认为自己无法处理这个问题。从积极的角度出发，你会问他们可以做什么。也许一开始他们会说他们什么都做不了。你并不想妥协，想从他们那里得到更多的信息，所以你可以继续问他们："那么需要改变什么呢？我们需要做些什么才能让你们同意在晚上整理玩具呢？"经过一番抱怨和咕哝之后，他们会说他们需要你教他们怎么做，但他们会坚持说自己仍然不明白整理的意义！你可能需要在第一周向他们展示如何正确地整理玩具，还要准备好奖励他们，让他们觉得做这项任务是值得的。

我知道这对你们来说似乎是一项毫无意义的任务，因为你们第二天还得把玩具拿出来。但我们这里住的是一家人，不单单是你们，晚上的客厅也要对我们成年人友好一点。为了让你们对整理工作有一点热情，我答应你们，如果你们晚上自己整理玩具的话，我就会给你们一些小奖励。而且我同意你们刚才说的，你们不知道如何正确地整理，所以我会在头几天和你们一起做，但不是替你们做。这样你们就会掌握整理的窍门，也会知道要怎么做才能得到奖励。

还有朋友搬家的例子，你已经决定了你不会去帮她搬家，但你会在必要的情况下，在搬家当天通过短信给对方提供建议。想象一下，你接到请求后先和你的伴侣进行了一番沟通，你告诉他朋友搬家那天你还有其他事情要做，而且对方给你的是临时通知，她还有很多家人和朋友可以帮她，伴侣听了以后认为你的拒绝“很合理”。所以你告诉朋友，在她搬家那天你不能亲自到场帮忙，但你会在电话的另一端（通过短信）提供建议。朋友听了相当失望：“我真的很惊讶你会让我这么失望。你有需要的时候，我一直都在你身边。你就不能取消你的事情来帮我吗？”她看起来很沮丧，你很理解她的感受，但你已经反复考量过了，那天你真的不能到场。你确实很同情她的处境，所以为了尽可能做到通情达理，你试图理解为什么她会这么需要你：

我知道你很失望，但我真的不能取消其他安排，尤其是为了这样的临时通知。你有很多其他的朋友和家人，我也会守在电话的另一端，你为什么还特别需要我亲自到场呢？

你的朋友说你是她认识的人当中最有搬家经验的一个，因此在这种情况下你是她最好的选择，你也是最擅长与蛮横的送货员打交道的那个人。没有你在身边她会很紧张。现在你对她的论点和恐惧有了更好的理解，所以可以和她一起解决部分问题了：

我知道我不在你身边会让你感到紧张，所以一旦收到你的短信，我就会优先处理，尽快回复你，在电话里给你提供建议。我认为，如果你提前做好计划，你是可以独自处理很多事情的。你还可以提前列出一张清单，记录所有你认为可能会给你带来压力的事情，我很乐意在你搬家的前一天晚上过来和你一起把它们都过一遍。

在这两个例子中，你会发现双方都有相互让步——这是谈判的基础。

总结一下：

1. 确认你想要什么，确定什么才是公平的。如果可以的话，演练一下你的陈述，和朋友一起复盘你的想法。尽可能做到自信。

2. 尽量保持冷静。

3. 清楚、简短、满怀尊重地表达你的观点。

4. 制订一个应急计划，同时准备好妥协和谈判。

5. 做好应对别人操纵和公然攻击的准备。

你会发现，如果你同时使用了其他的压力管理技巧，你会更容易当机立断——这会帮助你保持身心平静。

一旦你意识到这些策略并进行了练习，做到当机立断并不是一件难事。当你刚开始果敢训练的时候，计划和演练是至关重要的；否则，你会很容易成为攻击者、操纵者或被动逃避者。

记住，当机立断是一种技能，它会随着训练和实践而提高。你可能会发现在课堂上学习是最有效的。查一下自己所在的区域是否有果敢训练课程。

当机立断的实例：管理社交恐惧

一位公交司机因为我带的钱数目不对，直接就对我进行了言语上的羞辱，自那以后，我就不能和别人相处了。当时我刚和丈夫吵完架，本来就已经感到很脆弱了，完全没有准备好去应付一位充满敌意的司机。他当着20名乘客的面骂我，最后大声喊道："付钱，不然就下车。快点！"最后我只能站在路边默默哭泣，看着公交车开走。

第二天我就不坐公交了，直接步行走到了城里。我仍然感到沮丧和焦虑，所以当一家熟食店的售货员对我有点刻薄的时候，我东西都没买完就逃走了。从那以后，我不再独自外出，渐渐地退出了各个圈子，因为我确信如果我尝试表达自己的观点，人们就会羞辱我。我甚至开始回避我的朋友们。

幸运的是，我在当地找到了一个果敢训练班。在那里我了解到，只要做好准备，我就能重拾自信。我列出了所有困难的情境，提前想好我想从人们那里得到什么，以及如何提出我的要求。我从最简单的情境（联系一个我一直在回避的朋友，并大胆地说出我想和她一起喝杯咖啡）开始挑战，并乘坐公交车进城。在我进行这项任务的那天，很巧的是我又没带对钱，没法买票。我想了想，觉得无论如何我要一张票都是合理的。我提前想好了话术，如果司机抱怨我没带够零钱，我就可以说："我知道你要求乘客交金额正确的车费，但我今天没有找到零钱。我知道你可能找不开，但如果你能提供帮助的话，我会非常感激的。"

我也做好了司机会对我抱有敌意的准备。万一这种情况发生的话，我就打算说："很遗憾你并没有尊重我的合理要求。让我下车当然可以，但我会把你的行为报告给你的经理。"

我反复练习这些话，直到我对它们感到自信为止。最后一切都进行得很顺利，司机毫无怨言地让我上车了！自从我解决了这种情况，我就开始恢复以前的自信了。通过使用这种方法，我也更敢于在商店和餐馆里提出自己的诉求，或者和朋友们大声说话了。

使用当机立断技巧时遇到的困难

"我在最后一刻太紧张了"

在处理困难情况时感到焦虑是很正常的，但是你可以采取一些步骤来减少你的恐惧。最有帮助的方法就是从最不具威胁性的任务开始，逐步过渡到那些相对困难的挑战。这样你就可以在成功的基础上再接再厉，并在进步的过程中培养你的自信。如果事情进展不顺，那么做好准备，进行演练，制订应急计划绝对都是必要的——单凭彻底做好准备，你就可以极大地减少你的焦虑。

"我必须放弃了，我实现不了我的目标"

记住，你的目标是得出一个合理的结论，不要被"胜利"所困扰。要确认自己已经考虑过妥协，并且制订了备用计划。只要你提出的要求合理，良好计划和练习的成功概率就会增加。你还应该随时做好妥协的准备，接受相对不那么理想的结果。记住，你可以选择离开，但不要屈服。如果某些人不同意你的要求，你可以说这样的话："看来我们现在必须承认我们无法达成一致了。我得再考虑一下，然后再给你答复。"你有权利享有自己需要的时间。

"我无法让人们做我想让他们做的事"

这种情况时有发生——当机立断关乎尽最大努力去吸引和说服别人。你可以控制的是自己的行为，而不是别人的反应。不论你的陈述有多好，有时对方就是会不听你说，或者选择不尊重你。你只能尽自己最大的努力保持理性、尊重他人，如果你做到了这一点，你就做到了果敢，你应该夸奖自己。

小结

- 当机立断可以帮助我们管理压力。
- 当机立断的沟通是明确的，并且尊重双方的诉求。
- 你需要学习沟通的技巧，培养自信，成为勇敢果断的人。
- 当机立断意味着在必要的时候坚持自己的立场，但也要知道如何以及何时需要谈判和妥协。

第15章

焦虑管理：不仅仅是针对焦虑障碍

我真的很高兴我学会了如何解决自己的恐惧和忧虑。它给我的生活带来了真正的改变，我现在可以直面现实，不被焦虑所困扰了。但我发现，学会应对恐惧和压力可以帮助我做到更多：我一直在和我的体重做斗争，我意识到，当我压力大的时候，我就会选择吃东西，而学会压力管理可以帮助我节食；我也能睡得更好，因为我变得很擅于放松；我发现自己在工作时也更“冷静”了，于是我和其他人相处得也更好了。

如你所见，一旦你掌握了压力或焦虑管理技能，就可以更好地处理各种其他困难，这几乎是肯定的。你可能会发现，你对应激反应的新认识可以帮助你解决以下问题：

- 饮食不足或过量（或饮酒、吸烟）
- 睡眠问题
- 抑郁
- 性生活障碍
- 愤怒

- 疼痛
- 记忆问题

截至现在，你可能已经非常擅于理解自己的障碍了——记笔记，寻找模式，识别那些让问题继续存在的恶性循环。如果你发现焦虑、压力或担心在你的障碍中起了作用，你可以采取积极的步骤，通过控制你的焦虑来打破这种恶性循环。你可能需要额外的支持，但仅仅将焦虑排除在外就可以极大地缓解你的问题，有时甚至可以直接解决问题。

饮食不足或过量（或饮酒、吸烟）

压力会影响我们的食欲。压力水平过高很容易破坏我们的食欲，让我们紧张得吃不下东西。如果你是那种被压力抑制了饥饿感，甚至觉得恶心，但还需要努力保持体重的人，那么你可能会发现，没有胃口反过来还会增加你的压力，让你的饮食愈发困难。你已经可以看到这种模式的走向了：压力、食欲不振、担忧和更多食欲不振——恶性循环又出现了。

或者，你可能是一个很难控制自己体重的人，面对压力会进行安慰性进食。如果你是这种人，你会非常清楚安慰性进食（或因此喝酒、吸烟）在短期内是有效的：事实上，在短期内，这是一个非常有效的“快速补救”，难怪我们会上瘾。当我们自我感觉愈发糟糕，压力也不断增加，甚至越来越容易受到安慰性进食或吸烟饮酒的影响时，问题就会出现。因此，过度放纵有两种驱动力：短期的修复效果和长期的额外压力。我们太容易陷入这种问题模式了。

一旦你清楚了自己的恶性循环是什么，就可以对其驱动力进行控制，从而打破循环。你可以观察一段时间自己的感觉和行为，来识别自己是否陷入了进食不足、进食过量、饮酒或吸烟的个人循环。这可能不会花太多时间，然后你就可以知道自己什么时候会处于危险之中，可以精准地找出自身的压力迹象，确定自己的行为模式。在这之后，你就可以开始控制助长这些行为模式的压力和焦虑了。马克斯和乔迪的故事会让你知道该如何做到这一点。

马克斯：大学毕业后，我几乎一直在和我的体重做斗争。一旦我停止锻炼，体重就开始增加，我一直想节食，但每次都失败，然后我会很痛苦，接着就会选择吃东西来安慰自己。虽然每个人都告诉我这很常见，但这并不能阻止它成为一个问题。所以我决定简单地记录一下我的饮食情况，它能帮助我明白为什么我会这么挣扎，也能帮助我更好地应对。

吃东西的冲动：何时何地	我的感受	我做了什么	我的感受
周四：下午6点，我正要下班。	我已经一整天没吃东西了，我很饿，吃什么都可以，我已经不在乎了。	在车库买了巧克力，然后坐在车里吃。（吃了很多！）	缓过来以后，我真的感到很沮丧，因为我吃了这么多的垃圾食品。我又开始对我的体重感到焦虑了。
周四：下午6:30，在家。	还在为无法控制体重而担心。所以我想喝一杯酒，喝完以后就可以不用在意，不用担心了。	我给自己倒了一大杯酒，将担心抛在脑后，一整晚都在吃东西安慰自己。	一开始我觉得很平静，但第二天早上我就开始感觉不舒服，更担心自己了。我觉得自己再也不能克服体重问题了。
周五：上午11点，在上班，我的电脑又出故障了，我担心我的工作成果可能要丢失了。	紧张、焦虑、沮丧。我的抽屉里有巧克力饼干，我想吃掉它们。	我离开自己的座位，走到了院子里。在太阳底下坐了15分钟，做了一个快速的放松训练。	我感觉更平静，头脑也清醒了。我可以制订一个计划——我决定在我丢失任何重要的工作成果之前给信息技术支持打电话，寻求帮助。我感觉好多了，一点也不饿了。

我这样记录了大约一个星期，然后清楚地看到了自己的模式：如果我过度饥饿或过度焦虑，我就会吃得过多（喝得也多）。我学会了两件事：

- 避免过度饥饿。
- 每当我感到焦虑，开始渴望食物或酒精时，我先花 2 分钟放松一下。

简易放松确实很有效，因为它不仅让我平静了下来，还可以帮助我判断自己是否真的需要吃东西。大多数时候，如果我平静下来了，所谓的饥饿感就会消失。一开始，它只是有助于我控制饮食，当我不是很饿的时候，我就不再吃零食或大吃大喝了。后来，在我感觉自己的控制力变得更强的时候，我开始尝试减肥，借助放松和分散注意力渡过了难关。节食不是那么容易，但使用了压力管理策略之后就容易多了。

乔迪：好几次我都决心戒烟。你知道整个流程的——一开始怀着良好的愿望，然后屈服于渴望，并向自己承诺“明天就戒烟”。我的问题是，每次我紧张的时候，我都会非常非常想要抽烟。我的意思是，我在那个时间段根本想不到任何其他的事情——我一直坚信这是唯一可以控制我紧张的方法。所以我抽了一支烟（总是向自己保证“今天是我的最后一个吸烟日”），感觉好多了——这似乎在向我证明，我唯一能控制自己的方法就是吸烟。上次我去看医生时，她对我说了一句很严厉的话，她说如果我再不戒烟的话，就看不到我的孩子长大了。也许她有点夸张，我不清楚，但她说的话确实让我停了下来，觉得自己必须要做点什么。我找了张椅子坐了下来，开始琢磨自己的吸烟习惯，以及我能做些什么。我记得自己以前上班时接受过一点压力管理培训，虽然当时并没怎么在意，但我确实记了笔记。当我开始反思各种事情，重新阅读我的压力笔记时，我得出了这样的结论：

- **我的危险时刻：**当我紧张、焦虑或和吸烟的朋友在一起时。
- **我的感觉：**焦躁不安，有一种非常强烈的冲动，一种真的非常想抽烟的渴望（难怪我直接屈服，选择了放弃）。
- **我通常的做法：**屈服于冲动，自己抽上一支烟或和朋友一起抽。
- **我真正需要做的是：**一、告诉自己，在吸烟多年之后，我有这种渴望是可以理解的，但同时提醒自己，为了我的家人，我要尽可能地保持健康——他们才是我生命中最重要的事情；二、我会尝试一些压力管理策略，比如分散注意力和简易放松；三、我会拒绝和抽烟的朋友一起外出，减少自己的风险，我在家里会禁止自己吸烟。（这会让我的丈夫非常高兴！）

一开始真的很艰难，但我很幸运得到了丈夫的大力支持，如果我可以做到不抽烟的话，他就每天都给我一点小小的奖励。我发现自己不能轻易地放松和分散注意力——这些不是想做到就能做到的——所以我不得不找时间练习它们。同样，我很幸运，因为我的一个朋友借给了我一段放松录音，我养成了每天早晚花几分钟做练习的习惯。我要是早点在工作中注意到压力管理训练就好了，因为我发现自己真的很喜欢，也变得很擅长放松了，我可以轻易地释放紧张情绪，放缓呼吸，厘清思绪。有了我的策略"工具箱"和决心，我终于能够戒烟了。我想我骨子里永远是个"烟民"，但现在我拥有了可以不屈服于烟瘾的技巧和信心。

睡眠

最常见的睡眠问题可能是无法轻易入睡，这通常被称为失眠。每个人都会经历这样或那样的失眠，但只有当人长时间失眠，无法得到足够的休息来保证第二天的正常工作生活时，它才会成为问题。值得注意的是，并不是每个人都需要 8 小时的睡眠，我们的需求千差万别。所以，如果你每天只睡几个小时，你很有可能不需要更多的睡眠；如果你在第二天感觉自己休息得很好，就说明你已经睡够了。

如果你正在失眠的沼泽里挣扎，不要担心，其实你还有很多实用的事情可以做，让自己更有可能睡个好觉。通常的建议是：

- 试着设计一套睡前动作，放松一下。
- 保持卧室的黑暗和安静，确保自己的床是舒适的。
- 白天不要打盹儿。
- 睡前不要暴饮暴食，不要摄入酒精或咖啡因，也不要吸烟。

- 白天有足够的运动量。
- 如果你醒来以后无法再入睡，就起床做点什么事情，直到你觉得累了。不要躺在床上辗转反侧。
- 不要在床上看电视或上网。

这些指导方法都值得实践。像戒掉咖啡因这样简单的事情都能起到很大的作用。

然而，导致失眠的最主要原因还是心理因素——担心自己睡不着觉。最常见的恶性循环是对失眠的担心让我们无法入睡，而这又会让我们更加担心。如果你已经读完了这本书，你就会知道接下来我要说什么了——管理好对睡眠的担忧往往会打破这个循环。你最有力的策略就是学会不担心。如果你回想一下这本书中所讲的内容，你会发现你已经学会了许多控制担忧的技巧：通过解决问题的方法来应对担忧，通过自我对话来安抚自己，通过分散注意力让自己不再纠结于挥之不去的想法。你也学会了如何放松自己，这在晚上是非常有用的。在下面的例子中，里克成功地将所有这些策略都付诸行动，尽管你可能会发现，其实一两个策略就足以打破你的担忧循环。

里克：开始的时候，我只是每天晚上花在电脑、电视机上或是埋头看书的时间稍微长了一点。保持清醒似乎非常容易，所以我只是单纯地觉得自己还没做好睡觉的准备。后来我早上起床越来越困难，直到有一次我睡过头，错过了一个重要会议的开场。很快，我又在工作中犯了一个愚蠢的错误——这可能是因为我白天仍然感到困倦，不在状态。我意识到自己终究还是需要睡眠的，然而那天晚上，我睡了有史以来最糟糕的一觉。我起先只是担心自己睡不好，结果就真的没有睡好。我越被这样的想法困扰，就越不能入睡，然后我就不能正常工作，就会犯错，最后陷入麻烦当中。我变得越来越紧张，无论是在身体上还是在精神上，而且失眠越来越严重。从那以后，这成了一个持续不断的问题，我整夜都躺在床上担心各种事情。我的医生说她可以给我开安眠药，但她不愿意开，所以我开始尝试学习让自己平静下来，并通过这种方式睡了个好觉。

我知道一些克服恐惧的方法，因为我十几岁时得过恐惧症，在那时学会了用平衡思维、解决问题、分散注意力和放松来处理自己的恐惧想法和感觉。所以我决定看看它们是否有助于我的睡眠。当我不安的时候，我把闪过脑海的所有想法都记录了下来，然后我制订了一个计划来应对我的担忧。首先，我想出了一个由两部分组成的解决方案：一旦我说出了自己夜间的那些担忧，我就会尝试解决问题；如果我不能解决问题，那么我就会想象我在自己最喜欢的林地中漫步，以此来分散自己的注意力。我很快发现这个解决方案还不赖，但我可以做得更好。我是一个很擅长试错的人，我希望能多尝试几次。接下来我很快意识到，虽然解决问题是一个很好的结构化方法，可以用来应对真正的挑战，但在晚上，在我脑海里不断盘旋的想法都是"如果……怎么办"之类的模糊问题，我没法在凌晨 2 点转化这些问题，所以我开始越来越多地使用分散注意力的方法。在脑海中想象抚慰人心的意象是个不错的方法，我甚至还给它配了我最喜欢的一首安静的音乐作为背景音乐，这让意象更有效了；我还把自己的狗加到了意象当中。效果到目前为止还不错，但我又想出了另外一个好主意——全身放松。上床睡觉前，我会做一个全身放松的训练，锻炼自己的腿、手臂和身体。我的身体放松了，精神也会跟着放松，通常还没做完就睡着了。如果我在半夜醒来，我要么在脑海里继续遛狗，要么就开始另一轮的放松训练。这一切都很有帮助，我对睡眠的信心提高了，就算我会清醒一段时间，我也能够让自己安下心来："里克，"我会说，"别担心，你知道担心只会让事情变得更糟。如果你现在不能解决这个问题，那就别想了，好好睡一觉。你知道你能做到的，明天早上你会感觉好一些的。"

抑郁

焦虑成为抑郁的一部分是很常见的。事实上，有一种抑郁症被称为

“焦虑型抑郁症”，因为低落情绪总是伴随着紧张和焦虑。虽然控制焦虑不一定能解决抑郁，但它可以让应对抑郁变得容易得多。

下面列举了两个例子。多米尼克利用压力管理策略来帮助自己应对长期抑郁，薇的故事则讲述了当机立断和注意力分散是如何帮助她应对第一次产生的抑郁情绪的。

多米尼克：我一直是我朋友所说的那种“有点悲观的人”，我经常感到沮丧。我担心自己永远都不能真正地享受生活，担心事情会变得更糟，然后感觉自己的情绪会更加低落。我的医生和我讨论过药物治疗，但我一直不想走那条路——毕竟，我还是可以工作和社交的，所以我觉得自己并不需要药物。大约一年前，我和朋友谈到了我的这种情况，我告诉他我总是感到沮丧和紧张，他跟我说他在本地的全科医生诊所那里参加过一个压力管理小组。他认为一些能让他平静下来、有一个更好心态的方法也能帮到我。在我去过的诊所里没有类似的小组，但我找到了一本对我有帮助的书籍。我从书中了解到，我可以捕捉到脑海中闪过的担忧想法（有时是意象），还可以做到如下两件事：

1. 我可以想一些更积极的事情来覆盖担忧的想法：因为我担心自己无法应对抑郁，会把工作和家庭搞得一团乱，所以我在脑海中形成了一些积极的意象，在那些画面中，我在做自己可以做、喜欢做的事情。例如，我想到一个工作日的下午，我举办了一场培训活动，它进展非常顺利并获得了很多好评；我想起去年夏天，在一个阳光明媚的日子里，我和朋友们在附近的公园里踢足球，然后开车去海滩。光是想想这些画面就让我感觉很好，它们也意味着我可以应对障碍，未来也许会更好——这给了我希望。我还可以做一些分散注意力的事情来消除我的担忧，比如散步或看杂志。

2. 我也可以安慰自己。我学会了从担忧想法中抽离出来，并且提醒自己，虽然我有点悲观，但我仍然有我爱的朋友，他们很关心我；我还有一份能给我带来快乐的工作。我真的取得了很多进步，也学会了如何摆脱担忧，让自己感觉更好——这让我第一次感到一切都在自己的控制之内，让我觉得自己更有希望了，因为我可以做些事情去改善当下，未来也就不那么可怕了。

我的朋友真的很乐于助人，即使在我情绪低落、绝望的日子里，他也鼓励我，这些付出都是值得的，要坚持下去。能够控制自己的想法和感受后，我感到自己更加平静和乐观了，所以我要买的下一本书将是关于如何控制抑郁的。

薇：我三十多岁的时候突然患上了抑郁症。我的工作一直很有压力，但我很享受帮助别人所带来的挑战。后来我有了自己的孩子，但我似乎能够平衡家庭和工作，当然，这样我的压力会更大。后来我的部门裁员了，留下来的人差不多都要做双倍的工作。我想我已经到了崩溃的边缘——我觉得自己无论是在公司还是在家里都表现得不好。我总是因为一些事情而焦躁不安，比如忘记重要的事情或担心工作做得不好。我会在夜里惊醒，早上醒来也会为即将到来的一天感到恐惧——我有没有做错什么？我该怎么办？思绪就这样转来转去。我开始失眠，自我感觉越来越差，这让我很沮丧；我的记忆力也变得很差；我不能集中注意力，不再期待任何事情——我抑郁了。

我的伴侣注意到了这个变化。他是一个非常务实的人，所以他让我坐下来，和他聊了聊最近发生的事情。他帮我分析了我真正的问题是什么，什么问题是由抑郁产生的。毫无疑问，确实存在真正的问题——我必须同时做两个人的工作，这是不可能的。然后是我的抑郁和担忧带来的问题：最让我无法忍受的事情之一就是夜间的胡思乱想，它们让我在早上变得疲惫不堪，而这意味着每一天都有一个糟糕的开始。我的伴侣指出了这个问题，说我可以尝试针对这两件事做些什么。他说，我可以去找老板，果断地告诉她我的工作过于繁重了。但说实话，我觉得自己目前无法做到这一点，所以我说，为了能睡个好觉，我会先试着解决胡思乱想的问题。我借助放松训练让自己在晚上入睡，我的思绪也从烦恼中解脱出来了。如果我半夜醒来，我会在脑海里不断回想一个让人镇静的画面。我还有一个小小的咒语："把它留到第二天早上，那时你会想得更清楚。"这起作用了，我开始睡得更好。然后，我在白天解决问题的能力变强了，我又找回了一点以前的自信。但过度工作这个大问题仍然存在，在解决它之前，我的生活依然很艰难。睡眠问题解决以后，在我的伴侣的支持下，我准备了一些当机立断的话术，去见了老板，向她解释了我的情况。我很幸运，老板听进了我的话。她之前没有意识到我的挣扎，因为我从来没有抱怨过；她以为我没有应对方面的问题，才给我增加了工作量。现在她知道了我其实是无法应对的，就很乐意地重新规划了我的责任范围。没有了过度工作的压力，我的情绪终于开始好转了。

性生活障碍

有很多原因导致夫妻或单身人士出现性生活问题。如果你发现自己在一段关系中有类似的情况，那么你可能需要去做夫妻咨询。除此之外，你也可以自己尝试去做一些事情。影响性生活和谐的因素有很多：衰老、抑郁、药物治疗、虐待史等，对性表现和性享受的焦虑往往也扮演了一定的角色。在下面的谈话摘录中，珍娜设法和其他人保持长期关系，因为她有过一段很不愉快的经历。此后，每当她希望在性方面与人亲密时，都会感到被插入的痛苦。这让她非常害怕插入式性行为，这反过来又影响了她在与他人关系中的放松程度。她变得很紧张，预测自己会出现身体上的问题。而这种身体上的紧张只会让问题变得更糟。

雅各布则处于一段恩爱的关系当中，但他发现，当他工作压力很大，脑子里想着其他事情时，他的性欲就会减弱。正是在这段时间里，他发现自己无法保持勃起了，这让他更加紧张了。现在他担心这种事还会发生，而这种担心似乎又削弱了他的性欲，让他无法勃起。

珍娜：作为一名大学生，我对性行为是很期待的，但我的第一次体验并不好，全程都很笨拙，也很痛苦，而且那次约会之后，我就再也没见过那个男孩，在很长一段时间内也没有再发生任何性行为。我没料到这件事会让我受伤，也没料到它会让我这么尴尬。当我在后半学期开始一段恋情时，这件事还一直萦绕在我的脑海里。类似的事情再次发生了。我真的很喜欢我的男朋友，他对我也很有感情，但我很不自在，我再次感觉到了被插入的痛苦。之后每次我都会预想自己的疼痛，这让我对性生活失去了兴趣。我喜欢拥抱和亲密地接吻，但我担心这会导致性行为的发生，所以我变得不那么热情了。我想这对这段关系造成了伤害，导致了它的结束。我去见了大学辅导员，她帮助我认识到，我陷入了一个从预期疼痛开始的无益循环。

预期……

变得紧张而无法放松……

性交时感觉到疼痛……

预期疼痛……

她建议，下一次恋爱时，我应该对自己的需求保持自信，应该告诉对方说我想慢慢来，从非插入式性交开始——只是搂抱和爱抚。她告诉我，将性行为与放松和安全感联系起来非常重要——她说，如果感到疼痛，我可以说不，我可以一步一步来。我们一起练习了我可能会对下任男朋友说的话，直到我可以自如地表达自己的性需求。当我真的遇到那个人的时候，我提前告诉了他我想做什么，不想做什么，他也听进去了，这巩固了我们的关系。我们还开发了很多有创意的亲密方式，而且我认为这对我们的关系很有帮助。我开始放松，期待身体接触。我经常会让我的男朋友停一停，这样我就可以适当地放松，他都照做了，我也变得更加自信了。这是我第一次享受其中，当我们完全接触时，我准备好了：我很放松，我觉得安全，我很享受。如果问我什么是最有帮助的，我会说是学会对自己的需求保持坚定，当然学会放松也很重要。

雅各布：我爱我的伴侣，一开始我们的性生活很和谐，但后来就开始变得令人担忧和紧张，最后我宁愿不做了。每当我们上床睡觉的时候，我都感觉这像是一种负担，我脑子里想的不是爱和性，而是担心：我必须要表现吗？如果我做不到呢？如果克丽丝受够了，离开我怎么办？我经常找借口说我想熬夜看电视。我很幸运，有一个很好的伴侣，最终我们决定坐下来好好谈谈，我向她解释了我的问题。克丽丝很好，她说："让我们忘掉性吧，咱们就只拥抱和亲吻，这可是我最怀念的部分。这样你就不会有压力，而咱们仍然会很亲近。你需要再次学会放松，再次从咱们的关系中获得快乐。"所以我们约定暂时只对彼此拥抱和亲吻。为了让我们的关系更美好，我们重新开始了"约会之夜"，我们真的是"为悦己者而容"，都很努力地打扮自己，然后一起出去约会。

这个方法奏效了，我的担心也逐渐消失了。如果我又开始担心，我会试着保持冷静和理性："我担心克里斯离开我是可以理解的，因为我一直是一个没有安全感的人，但我们之前的谈话让我很安心，我们是一对坚强而恩爱的夫妻，我们可以渡过难关。"

愤怒

当我们感到被剥削、被不公平对待时，愤怒是正常的，也是合情合理的。在某种程度上，它让我们觉得自己有权利得到更好的东西，它给了我们勇气。我们需要能够认识到什么时候愤怒是合理的，什么时候我们能很好地处理愤怒。

当我们不能很好地解决愤怒，当我们发火或很刻薄，或把怒气发泄在无辜的人身上时，问题就出现了。这种控制不住的愤怒会妨碍我们与他人建立良好关系，还会损害我们与家人、朋友和同事的关系。对自己的愤怒会让我们陷入自我批评的陷阱，还会侵蚀我们的自信。

如果愤怒对你来说是个问题，你会很高兴地发现，你现在知道的许多焦虑管理策略也同样适用于愤怒管理。

- 用日志记录你的愤怒感受和爆发时刻，这样你就能明白你为什么会生气，以及什么时候会生气了，这将帮助你发现自己的问题模式。
- 关键是要学会后退一步，进行反思而不是立刻做出反应。
- 利用分散注意力和放松来对抗愤怒的想法和感觉会有所帮助。
- 学会平衡、公正的思考方式对你会有好处。
- 果敢训练将有助于对抗愤怒行为——重读第 14 章。

蕾切尔：我最近参加了一个愤怒管理小组，虽然一开始充满怀疑，但现在我已经完全改变了自己的观点。这真的很有帮助，不仅仅是对我这样有点直言不讳和暴躁的人，它同样适用于像亚伯那样总是沉默寡言、把事情憋在心里然后突然爆发的人。这种方法帮了我们很多。我们先是把自己的愤怒写在日记里：我们记下愤怒发生的时间，以及伴随愤怒而来的想法、感受和行为。然后我们根据这些内容寻找模式，来帮助自己预测什么时候会发脾气。我并不经常发脾气，但我看到的模式是，当我感到生气时，我就会肆意宣泄，不考虑他人的感受或后果。结果，我不但吓到了孩子们，还给自己的职业声誉造成了不好的影响。亚伯很不一样，他时不时会感到愤怒，但他会控制住——或者说是控制过头了。他把事情都憋在心里，压力越来越大，越憋越紧张。然后他就“炸了”——通常是在他回家以后，这样他可怜的伴侣就成了踢猫效应里的那只猫，成了他的发泄对象。和我一样，当他意识到他伤害了自己最爱的人之后，他总是觉得很难过。

我们都必须学会当机立断，这意味着我们要学会后退一步，保持平衡：尊重他人，也尊重自己。我的问题是一生气就不尊重别人，而亚伯是不尊重自己，当他受到伤害或心烦意乱的时候就把怒气憋在心里，时间长了就受不了了。果敢训练包括大量的角色扮演和练习，起到了很大的作用。我们还学习了其他技巧，包括通过简易放松训练和分散注意力来让自己平静下来。在我做出反应之前，我学会了从十开始倒数，这为我赢得了一些时间，我可以趁机放松，并以一种积极的方式与自己“交谈”。例如，我会说：“别这样，蕾切尔，你知道他只有九岁，九岁的孩子都会这样。你向他解释为什么不能这么做，这会比你冲他大喊大叫吓唬他要好得多，他会理解得更好。”或者我会告诉自己：“是的，她一意孤行，不讲道理，还不尊重别人。但我要做得更好，我要树立榜样来赢得团队的尊重。”亚伯则学会了对自己说：“我的感觉很重要。如果我生气了，就应该说出来，当然是以一种尊重他人的方式。”当他回到家时，他不再刻意压抑自己的愤怒，也不再随意发泄情绪了。很快，愤怒管理就让我们得到了回报；对我来说，成功的关键在于果敢训练中的练习和角色扮演。

疼痛

很多研究表明，无论疼痛的来源是什么，紧张都只会让你感觉更糟。医生称之为“心身（psychosomatic）”的疼痛也是如此，你的压力管理策略对这种疼痛可能更有效。心身疼痛并不意味着疼痛完全是你想象的，它只是意味着疼痛可能是由心理而不是生理原因造成的。紧张性头痛就是一个很好的例子——原因是心理上的，但疼痛是真实的。

同样，恶性循环会导致痛苦或增加痛苦，这时你需要确定自己的紧张模式。几年前，我有过一个病人，他患有非常严重的心绞痛：他的疼痛来源于身体。我们没有办法改善他的心脏状况，但我们确实做了一些事情，帮助他控制了疼痛给他带来的压力，以及压力给他带来的额外的痛苦和障碍。他害怕心绞痛发作，因为那真的很痛苦，所以他一直处于对焦虑的预期状态——这种状态会让任何一个人都对痛苦更加敏感。此外，他已经停止外出，以防心绞痛发作，但正因为他待在家里，注意力无法分散，所以他有更多的时间去沉耽在疼痛当中。我们做的第一件事就是学会如何放松，这对我的病人来说很困难，所以我们从加长版放松训练开始。随着时间的推移，经过大量的练习，他适应了下来，还设计了一套几乎可以在任何地方使用的常规训练动作。不过，这还不够，我们让他在脑海里创造一个非常抚慰人心的心理意象，以此来提升他的应对能力；他也非常喜欢在脑海里回放这个意象。他想象出来的画面是他去钓鱼的场景——这是他早已放弃的爱好；他在脑海中勾勒出很多的细节，清晨的阳光是如何洒在河面上的，以及现场的声音和气味是什么样的，他还按照详细的程序准备了鱼钩和鱼线。这张意象不仅分散了他的注意力，减轻了他的痛苦，还激励他重拾了这个爱好，现在他对疼痛管理越来越有信心了。他越是多出去走走，注意力就越分散，也就越不害怕自己的痛苦。当我让他出院时，他说："我已经学会如何与痛苦为伴了。当它来临的时候，我不再与它抗争，我会干脆接受它是我生活的一部分，我可以做一些事情来安抚自己，并继续前行。"

玛吉则有不同的疼痛体验——她被介绍给我是因为她患有肠易激综合征（IBS），却找不到任何医学原因。她改变了饮食习惯，但收效甚微，仍然经常受到严重胃痉挛的困扰。她的痛苦有一种模式：压力似乎让她更脆弱，但她繁忙的生活中有许多的压力来源，不可能把它们全部消除。所以，像我的另一个病人一样，她需要学会与疾病共处，并在疼痛发作时想出一些缓解的策略。

玛吉：我对控制 IBS 并不乐观，长久以来，它已经成了我生活的一部分，谁都帮不了我。然而，我学会了在一天当中有规律地放松，这使我的总体压力水平降低了不少，仅此一点就帮我减少了疼痛的发作次数。我还学会了在发作时放松——我尽量不去紧张，而是告诉自己："它又来了。这只是疼痛，你可以挺过去的，放松你的身体，控制呼吸，让它过去就好了。"在疼痛时放松并不容易，这是与直觉相悖的，但我记得我的朋友在分娩的时候，医生告诉她一旦有宫缩就要这样做，所以我知道这是有医学原因的，认识到这一点激励了我。果然，这很有帮助。现在，疼痛发作得更少了，而且我基本上没怎么费劲就挺过来了，因为它不会再让我那么紧张了。我也开始意识到，IBS 就是我的“压力表”，当我感到压力时，疼痛发作就会更频繁。现在，我将 IBS 视为身体告诉我要放松的一种方式。

记忆力

一百多年前，我们就知道压力会影响记忆力。当我在神经内科做记忆力测试时，我看到的大多数病人都对自己的记忆问题感到焦虑，但他们都没有真正地失忆。他们的压力和担忧干扰了他们的记忆，一旦他们学会焦虑管理技巧，他们的记忆力就会得到改善。我看到的大多数人都非常担心他们会患上痴呆症，我们必须要接受的是，随着年龄的增长，我们的记忆力确实会变差——这是一个可悲的事实，但这并不一定意味着我们患上了痴呆症。你可以问问自己的朋友，他们是否也拥有类似的“老年性痴呆的瞬间”。如果是的话，你很难记住名字、想不起来把车钥匙放在了哪里，或者上了楼却忘了自己要找什么可能都是正常的。

为了记住东西，我们需要完成三项脑力任务：

- 要对纳入考虑范围的信息给予足够的关注。如果我们不这样做，就永远无法形成具体的记忆。
- 将信息保存足够长的时间，以便将其存储为记忆。
- 在需要的时候将其回忆起来。

正如我们在本书开头所学到的，压力和焦虑会影响我们的思维方式，这意味着它会影响我们完成这三项脑力任务的能力。因此，焦虑和压力对记忆的干扰是可以理解的。意识到这一点可能会有助于你在下一次努力回忆某件事时放松自己。另一个可靠的事实就是睡眠不足会干扰记忆：有大量的研究证明了这一点。我们已经知道压力和担忧会影响睡眠，所以如果你睡眠不好，你在担心自己的记忆力时就要考虑到这一点。

如果逐一进行这三项脑力任务，我们就能知道，记忆过程是有可能偏离轨道的。

关注

当我们有压力的时候，担忧和灾难性的想法就会经常分散我们的注意力，所以我们基本无法很好地关注到信息，也形成不了记忆——我们没有忘记，只是没有形成记忆。

我只记得我参加了面试，但我已经记不清我们谈了什么。我太紧张了，完全没有注意到谈话的内容。

我车祸后发生的一切都很混乱——我似乎丢失了一些记忆。我想我当时太害怕了，所以很多事情都没有进入我的大脑。

工作越积越多，几周甚至几个月以来，我的压力越来越大。它影响到我的注意力，我错过了自己本该注意到的事情。幸运的是，我有一个好秘书，她不断地指出我没有注意到的事情。

存储信息

我们不会仅仅因为关注某件事就形成一段记忆，我们需要将它存储足够长的时间，将其刻在我们的脑海里。我们都忘记过陌生人的名字，或者记不起新门的密码锁密码，即使我们已经尝试重复记忆一两次了。如果我们被其他事情分散了注意力，就很容易发生这种情况，这里说到的“其他事情”可能就是担忧。你知道压力会影响大脑的工作——我们在本书的开头就讨论过这个问题。压力似乎会破坏大脑中帮助我们存储新信息的组成部分（海马）的功能，所以当我们有压力时不能很好地形成记忆，这是有道理的。当我们的压力水平降低时，海马就会开始更好地工作，我们的记忆也可以恢复。

回忆一段记忆

即使我们已经形成了记忆，压力和担忧也会阻碍我们去回忆。你可能在面试或考试中有过这样的经历：你明明知道问题的答案，但当你需要它的时候，你就是想不起来。而更令我们沮丧的是，我们一离开考场就把答案想起来了。我们重新回忆起它是因为压力水平下降了：当我们过度焦虑时，我们的表现并不好，但当我们的紧张情绪减少时，我们会做得更好（你可能还记得本书的序言）。

康拉德：我考得很糟糕。我很努力地复习过了，但是大脑在考试的时候一片空白。我最好的朋友说这种事在她身上也发生过一两次，所以她总结了一个小窍门，那就是在考试前的 5 ～ 10 分钟放松一下。她瑜伽学得很好，所以使用了瑜伽课上的一些可视化练习。在实际的考试中，如果她的大脑一片空白，她会对自己说："我知道这个答案的，如果我平静下来，我会想起来的。"然后，她要么再次尝试放松自己，要么暂时先做其他题。她说这可以帮助她想起答案。从现在开始我也要试试这个方法。

玛格达：我有一部分工作内容是给来访者或新员工做讲解。我以前做这项工作的时候很自信，但是后来我的记忆力开始衰退，人就变得紧张起来。男朋友说，难怪我的记忆会出现问题，他认为造成这种变化的主要原因是我生了一个小孩，他闹得我们整晚都睡不着觉；第二个原因就是转天我还得回到压力很大的工作岗位上去。我认为他是对的，但那时我陷入了会影响记忆力的紧张循环，这甚至让我更加紧张了。老板建议我去咨询一下我们的职业顾问，顾问也同意我男朋友的观点，然后教会了我一个可以在做讲解之前进行的简易放松训练。他给了我一些让我可以在晚上睡个好觉的建议；除此之外，他还鼓励我做一些简单的笔记，把我需要讲解的要点记录在上面——这些笔记让我非常放松，我发现我不紧张了，实际上我也不再需要笔记的提醒了！所有这些方法真的都很有用。

小结

- 管理压力和焦虑可以让我们在很多方面受益。
- 它可以帮助我们控制食欲、改善睡眠、管理情绪、改善人际关系，甚至可以应对记忆问题和疼痛。
- 管理非焦虑性问题引起的压力和焦虑，也要付出同样的努力来理解需要改变的模式，并实践解决问题的新方法。

第16章

长期应对

一开始我以为压力管理就像服用抗生素一样，参加完课程就会立竿见影，感觉好很多。嗯，我确实感觉好多了，但我逐渐意识到，压力管理和克服担忧需要长期的投入。这有点像训练：你需要坚持下去，你练习得越多，感觉就越好。我也了解到，事情并非总是一帆风顺的，压力和担忧不会简单地消失，我只是能更好地管理它们。我学会了如何让压力管理成为我生活的一部分，也学会了如何预判和处理偶尔的挫折。这听起来可能是一项繁重的任务，但事实并非如此；能够克服困难，感觉一切尽在掌控之中是一件令人愉快的事情。我总觉得在这件事上投入我的时间和精力是我做过的最明智的一项投资。

如果你已经读到了这里，我希望你已经改变了对压力和焦虑的看法，并且已经开始培养你所需要的应对技能了。我也希望你对未来感到乐观，自我感觉良好。这一章旨在通过解释如何延续进步来帮助你保持乐观和成功，只有这样，担忧、恐惧和焦虑在未来才不会成为问题。

长期应对的关键是：

- 练习
- “绘制蓝图”（提前计划）
- 用挫折来推动自己前进
- 改变生活方式，尽可能地减少压力

练习

虽然听起来像是老生常谈，但这绝对是长期应对的根本。前面的章节已经说得够多了，所以在这里我只是再提醒一下，练习和演练是你最好的盟友。你现在所学到的技能在实践中会变得更易于使用，也更有效，但你必须坚持练习。

“绘制蓝图”

这也被称为“故障排除”。为了做到这一点，你需要留出一些时间来思考以下问题：

1. 你未来的挑战（试着对它们进行非常具体的描述），比如“向同事简要介绍我的工作”“在月底之前把这个有问题的熨斗送回商店”“在未来一两周的某个时间走进花棚（蜘蛛！）”。你接下来的挑战是什么？

____

____

____

2. 你脆弱的时期，例如“当我感到疲倦或生病时”“工作堆积如山时”“当我需要在公共场合谈话时”。你会在什么时候感到脆弱？

____

____

____

一旦你预测到了什么会给你带来压力，你就可以后退一步，暂时抽离出来，然后计划如何应对每一个挑战。记住你的整套应对工具——到现在为止，你可能已经掌握了一套在很多情况下都会对你有所助益的技能。哪种应对技巧会对你有帮助？写下你的管理计划——当我们有压力时，我们的记忆力并不在最佳状态，你可能会忘记一些非常好的想法，所以好记性还是不如烂笔头的。然后你需要将这些计划应用于每一个具有挑战性的情境。

我最好的策略是什么？

情况：____

我会如何应对：

____

____

你应对的方法可能看起来是这样的：

情况一：在月底前把这个有问题的熨斗送回商店

我会如何应对：提醒自己，拖延只会让事情变得更困难。和朋友一起演练我准备好的当机立断的话术。去商店之前进行放松训练。事后奖励自己一杯拿铁。

情况二：工作堆积如山时

我会如何应对：坚持写压力日志，这样我就能意识到什么时候我的工作负荷过大——最好能及早发现。如果我忙得不可开交，我可以在家里和公司对任务进行委派。（我会进行果敢训练，这样在公司给我的同事委派任务会更容易些。）要当机立断，对更多的工作说“不”。确保自己每天晚上都有时间慢跑，半个小时就够了，这会让我感觉好很多。远离酒精——从长远来看，它总是让我感觉更糟糕。

一些额外建议：

- 制订备用计划：考虑一下，如果事情没有按计划进行，你将如何处理这种情况；制订一个备用方案。
- 当你的心态更放松或者有朋友帮助你的时候，试着设计一个蓝图，它会让你更有创造力和生产力。
- 预见困难时期，预测你的需求，这有助于你组织好自己的生活，将这段时间的痛苦减到最小。例如，如果你觉得圣诞节总是会带来压力，让你感到痛苦，从而选择摄入巧克力和酒精来寻求安慰，你可以重新考虑一下你在那段时间的活动安排，尽可能地限制、减少自己的压力：可以委派一些任务给别人，早点去购物，确保自己接触不到酒精和巧克力；安排独处时间，练习说“不”。

用挫折来推动自己前进

即使是最完美的计划也有可能落空，有时你会对自己的表现感到失望。这是可以预料到的，但在这个时期你很容易故态复萌。如果你将挫折或失望视为“失败”，你会感到很泄气，这会削弱你在这个计划过程中建立起来的信心。但是，如果你可以将挫折视为更多地了解自己的长处和需求的机会，你就可以把失望变成你的优势。

每一次挫折都会说明一些问题，你会得到一些关于你的“致命弱点”的经验教训，你可以像科琳所做的那样，从中学到一些东西。科琳的购物之旅令她非常失望，她现在有两种选择：要么就这样算了，要么就试着为这次挫折找到一个解释。回想这次出行，她意识到，这是她这么长时间以来第一次独自购物，人群拥挤，她感到呼吸困难，商店里也没有她想要的东西，而且她明天应该会来例假，她越来越沮丧。这一切都让她得出了一个对自己深感同情的结论："难怪我感觉这么倒霉，我过于勉强自己了！"这种解释让科琳不再过于挑剔，也让她掌握了有用的信息，她会在下一次购物之旅中把这些因素都考虑进去，让自己更轻松愉快。例如，她可能会决定在经期前不做任何挑战性的任务；现在她也明白了一口吃不成胖子，让朋友陪她一起逛街还是很重要的；她可以选择在比较安静的时间里进行购物；她也可以提前给商店打电话，咨询对方是否有她想要的东西，这样她就不会沮丧了。简言之，她已经学会了如何从挫折中学习，这就是长期应对的精髓。

所以，如果你遇到了挫折，重要的是要接受一个事实：疏忽和失误总会发生。依次问问自己：

- "为什么这是可以理解的？"
- "我能从中学到什么？"
- "从现在开始我处理事情会有什么不同吗？"

想通这三个问题后，你就可以学会利用挫折继续前进。

改变你的生活方式，尽可能地减少压力

你可以在日常生活中做一些非常简单的改变，这些改变会让你在未来更加"抗压"。你会在下面找到一些建议。通读它们，考虑一下你能做到多少。

- 在你的日常生活中安排一个"放松时间"。这可能只需要几分钟，但这将是对时间的宝贵利用。试着养成放松的习惯。
- 做尽可能多的令人愉快的事情：如果这些活动也能释放紧张情绪，那就更好了。你可以试试锻炼和瑜伽。
- 不要让压力堆积。如果有什么事让你担心，就直接向朋友或专业人士寻求建议，不要拖延。现在就找出可能的求助对象——准备一份

有用的通讯录，记下朋友和一些组织的电话。

- 在家里和工作中都要进行自我管理。如果你需要专业的帮助，可以参加一个你所在地区的时间管理课程。
- 在家里和工作中都要坚持自己的立场。避免成为受气包或被剥削的对象，不要给自己压力。找一些本地的果敢训练课程，或者找一些跟这个主题有关的书。
- 避免过度疲劳或承担过多的工作。要意识到自己的极限，差不多的时候就停下来休息一下，做些让自己放松和愉快的事情。
- 不要逃避你的恐惧。如果你发现有些事情变得难以面对，不要退缩——如果你这样做了，情况只会变得更加可怕。相反，可以为自己设定一系列安全的小步骤来帮助自己迎接挑战。
- 记住，要承认自己的进步，永远不要忘了表扬自己。不要贬低自己，也不要沉耽于过去的困难。要对自己所取得的进步、进行的计划和展望给予肯定。

小结

一旦你掌握了焦虑和压力管理，你就需要通过以下方式对未来进行投资：

- 定期进行技能练习。
- 进行缜密的提前计划。
- 把挫折当作学习的机会。
- 改变你的生活方式，尽可能地减少压力。

后 记

在这本书的结尾，我想分享一下我的第一个焦虑管理小组的故事，以及我从小组成员那里学到的重要信息。

几十年前，我是一个热情的、刚获得执业资格的临床心理学家，我做了很多刚获得资格的临床医生都会做的事：我成立了一个焦虑管理小组。我非常努力地研究课程内容，写讲义，为小组成员提供支持。课程持续了3个月，最后每个人都做得很好，我真的很高兴。所有优秀的临床医生都会评估他们的干预措施，所以我设计了一份很长的问卷，想找出小组成员认为最有帮助的方法。在我的调查问卷中，我详细介绍了我们所涉及的所有策略——这些策略你们现在已经很熟悉了。

小组成员不想单独完成我的问卷，他们更愿意给出一个小组反馈。所以他们聚在一起开始讨论。我非常兴奋地等待着——他们是不是要告诉我，经过充分研究的心理教育是最有帮助的？还是非常系统的放松训练？还是在学习检验消极想法时的刻苦训练？还是实用的解决问题策略？可能性实在是太多了，我希望得到对每一种干预措施的详细反馈。最后，该小组的发言人说，他们已经就问卷的问题（过去3个月里，哪种策略对他们最有帮助）达成了一致。

想象一下，当他们明摆着放弃完成我的调查问卷，只给出了一个简单的总结——“到目前为止，我们学到的最有用的东西就是说‘去他的’”的时候，我是多么失望。我做了那么多艰苦细致的工作，而这就是结果——一句咒骂！我真的大吃一惊。但他们是对的——这正是克服焦虑的核心所在。这些策略和技巧只是达到目的的手段，克服焦虑的目的是改变你的态度，让自己自由。我希望，这本书中的所有指导方针都能让你在面对压力和担忧时变得足够熟练，让你可以自信地后退一步，对自己说：“我能做到，管它呢，继续前进。”

因此，我仍然很感谢这群最初的病人，他们教会了我管理焦虑的本质。最后，请记住本书开头所说的：这本自助书可能是你所需要的全部，但有些人可能会发现自己需要更多的指导。如果你对部分内容不理解，如果第三部分的练习仍然不能满足你，不要认为这是一种失败。你只是需要一点额外的帮助，必要时，你还可以求助于专家。对更多支持的需要并不罕见，在我们自学一门外语或独自节食时，我们经常会有这样的体验：自助书有时只能帮我们到这儿了。如果我们的生活方式或学习方式不适合自学，那么我们可能需要参加课程或寻找一位导师。如果你在学习语言或控制饮食的时候向别人求助，你可能不会认为自己失败了。如果你发现这个课程额外的支持小组或专家的单独辅导对你更有帮助，你也不会认为自己是失败的。无论你是选择独自一人，还是选择在朋友或专业人士的帮助下克服焦虑，重要的是要培养对自己的信心——做到这一点的方法不止一种，你需要根据自己的需要来调整计划。我祝你一切顺利，成功获得这份信心。

致 谢

1980 年，我来到牛津大学，遇到了对这本书产生影响的两位心理学家。第一位是“克服”[1]系列丛书的编辑彼得·库珀（Peter Cooper），第二位是莉兹·坎贝尔（Liz Campbell）。他们向我介绍了认知行为疗法（CBT），并帮助我认识到了这个方法的潜力，他们让我迷上了 CBT。我猜测他们是想用它来帮助我克服移居牛津时产生的焦虑，我非常感谢他们慷慨的谈话分享，以及他们的鼓励和支持。

不幸的是，莉兹·坎贝尔最近去世了，我想把这本书的第 2 版献给她。如果说有人不但能很好地管理自己的压力，还可以帮助别人应对压力，那么这个人就是莉兹。她是一位了不起的女性：热情、风趣，坚定地享受生活，也帮助别人享受生活。见过莉兹的人都会受到她的激励，并愿意与他人分享莉兹如何激励了自己。莉兹博士出类拔萃：她不仅是一名优秀的临床医生，还是心理学课程的开创者、英国心理学会的主席，她撰写的文章改变了警察队伍压力管理的面貌。她也是一位勇敢的女性，总是做自己认

[1] 本书英文版所属系列丛书。——编辑注

为正确的事情，我永远不会忘记和她一起在亚洲做慈善工作的那段时光。在英国文化协会大楼工作期间，大多数时候我都只是在寻求安稳，不打扰任何人，只待在安全的地方。莉兹则不同，她敢于挑战权威，经常参加各种活动，支持英国文化事业的发展。这就是莉兹——勇敢、有原则，她是我们所有人的榜样。

深深地鼓舞了我的除了莉兹，还有那些我有幸与他们一起做临床工作的人。我由衷感谢那些勇敢站出来分享自身障碍和康复过程的患者，也非常感激我杰出的同事们，如琼·柯克（Joah Kirk）、吉莉安·巴特勒（Gillian Butler）、梅兰妮·芬内尔（Melanie Fennel）、克里斯汀·帕德斯基（Christine Padesky）和已故的戴维·韦斯特布鲁克（David Westbrook），他们多年来都在贡献和分享自己的才智。

写这样一本书当然会减少我与亲人相处的时间，所以我也很感激孩子和丈夫对我的理解与包容。谢谢你们。

附录A

浅谈时间管理

时间管理可以让我找到足够的时间去做必要的事情，从而减轻我的压力和担忧。一开始，我不得不多花些时间进行计划和安排，但现在一切都顺利多了。我发现我的工作压力和挫败感都减轻了，我可以更享受我的家庭生活。我觉得自己现在的生活很平衡，这会让我更放松，以正确的角度看待事物。

办事拖拉和时间组织不善通常会让我们压力更大，所以学会有效地管理时间真的很有帮助。时间管理遵循的原则非常简单，但它确实需要相当多的努力，因为它是建立在非常全面的准备之上的，这就是挑战所在：我们需要知道如何腾出时间做好基础工作。如果你忽视了这一点，通常就会遇到困难。

奠定基础

你需要收集一些关于你自己和你的日常生活的基本信息，然后才能开始重新安排你的时间。这是因为你需要平衡自己的优势、需求、优先事项、目标和所需时间。你必须从一个可靠的基础出发，目标的设定也要现实。为此，你需要思考：

- 你的工作方式
- 你的日常
- 你的优先级
- 你的（合理）目标

你的工作方式

首先，后退一步，想想你的工作方式，考虑你的优点和需求，例如：你是会提前计划的人吗？会分轻重缓急吗？能集中注意力吗？准时吗？会拖延时间吗？是强迫症吗？会制作待办事项表吗？会在杂乱的桌子上工作吗？能说“不”吗？会顺从别人吗？会创新吗？会委派任务吗？更喜欢一个人工作吗？

你需要诚实地总结自己，不要过于谦虚，也不要逃避，勇敢说出你不太满意的地方。把你的想法写在两个表头下：优势（你会进行充分利用）和需求（你会做出修正）。你可以使用下面的表格，并考虑如何充分发挥自己的优势，如何满足自己的需求。

优势	需求
我该如何发挥自己的优势	**我该如何满足自己的需求**

当你做到这一点后，你就能更好地总结自己的工作方式。妮娜是一位在慈善机构帮工的单身母亲，她做完练习后总结道：

我的优点是我是一个“有想法的人”，是一个创新者和具有前瞻性的计划者，而且我有很多精力和干劲去做有益于慈善事业的事情。然而，我必须得承认，我比较懒散，没有组织性。这提醒了我，我需要写日记，把计划表挂在墙上；我需要变得更有条理。我也意识到，为了更好地工作，我需要周围的人来激发我的想法，给我灵感。

优势	需求
有想法的人：有远见 创新者 具有前瞻性的计划者 精力充沛，干劲十足 擅于与人合作	更有条理 完成我已经开始的事情 更整齐 有人在我身边
我该如何发挥自己的优势	**我该如何满足自己的需求**
写下我的想法，这样我就不会忘记那些好点子。 自信地分享我的想法，把事情向前推进。 在早晨处于最佳状态的时候工作。 去办公室而不是在家里工作，这样我就能向同事们请教了。	让我的朋友教我怎么用智能手机做笔记（如果技术太复杂，我就买个笔记本或计划手册来用）。 给我的书房买一个可以挂在墙上的计划表，再买一个档案盒，把我的文件分类。 走进办公室，至少给我的同事打电话或用即时通信软件聊天。 让西蒙帮我执行我的想法和计划，他真的很擅长完成任务。

你的日常

为了有效地管理你的时间，你还需要知道你目前是如何利用时间的。最好的办法是写一个“时间日记”，一个你可以进行分析的记录。通过回顾日记，你将了解自己何时何地能有效地利用时间，何时浪费了时间，以及在何处可以节省时间。没有一种适合所有人的日记，所以你需要设计适合自己的。

读过这本书后，你可能会用自己的方式监控你的日常活动，但如果你需要一些建议，可以参考以下三种基本的时间日记：

1. 列出一段时间内的活动：每小时收集一次信息

上午 9 点　把早餐的盘子洗干净收好，然后端着咖啡坐下，列一张购物清单。开始读一本新小说。

上午 10 点　读小说而不是做家务！

上午 11 点　去城里买了些生活用品和墙纸剥离器。

中午 12 点　在家。本来打算把那间空房间的墙纸撕掉，但改变了主意，转而开始清洗、擦去油漆。砂纸用完了，所以又进城去买了一些。

下午 1 点　遇到了我的朋友希拉，没回家而是在咖啡馆吃了午饭。

2. 列出所做的事情并记录时间

任务	开始时间	结束时间	花费时间
到办公室后接电话	8:30	8:45	15 分钟
煮咖啡	8:45	8:50	5 分钟
与苏西谈论她一天的工作（被秘书打断 5 分钟）	8:50	9:30	40 分钟
与部门经理会面	9:30	11:00	90 分钟

3. 列出日常的活动和任务并记录时间

我的日常任务	所用总时间：周二
1. 整理账单	30 分钟
2. 园艺	6 小时
3. 购物	2 小时
4. 准备餐食	3 小时

这只是一个粗略的指南，你在日记中输入的细节数量以及是否采用这些格式，取决于你个人和你需要什么。你的时间管理问题越严重，你就会需要越多的信息才能重新掌控自己的时间。如果你在外工作，别忘了也记下你在家里工作的时间，以及你周末或晚上的加班时间。

保持这种记录是一项艰难的工作，但你只需要做一两个星期。所以你要提醒自己，这只是暂时的，是对时间的明智投资。一旦你有了自己的日志，就可以退后一步，用批判的眼光来检视它。对自己提出以下几个问题：

- 我在工作任务之间是否做出了合理的平衡？是否总是有令人愉快的事情和具有挑战性的事情？这样我就可以避免不必要的压力或无聊。
- 我是否在最适合自己的时间内完成任务？是否在最机敏的时候思考，在不那么敏锐的时候做体力活？
- 我休息够了吗？每隔 90 分钟左右，我至少应该伸伸腿；我还应该抽时间出去吃午饭。
- 我能否确认自己有时间做计划、讨论工作、考虑风险？我有选择的余地吗？如果没有的话，我肯定会感到有压力。

现在回到你的日常计划中，看看你可以在哪些方面做出有用的改变。如果你发现你很难客观地回顾自己的记录，那就找个朋友一起，征求一下对方的意见。

妮娜总结说：

我可以看出我在工作上做到了很好的平衡。店里总有一些体力活要做，我还要顾及一些行政任务；有些事情需要我和别人一起做，有些则需要我自己去做。然而，我发现我会推迟做自己不太喜欢的工作，比如需要独自完成的文书工作。这让我越来越沮丧，因为我会整天想着它们。我的休息时间也有点过多了，因为我喜欢聊天，与别人探讨怎样才能把慈善事业做得更好。这意味着我结束了一天的工作以后还有事情要做，所以我很晚才能回家（而且心情很不愉快）。我发现我需要做一些改变：

- 我需要把我的任务列出来，确保那些我不喜欢的任务得到尽快解决。我发现我更喜欢把它们从清单上划掉的感觉，这会让我更有动力！
- 与其中午才上班，我可以早一点来，在商店开门之前就到那里。那时周围会很安静，我可以在其他人到来并分散我的注意力之前把一些文件处理掉——早上我的思路更清晰。下午我可以帮忙做一些体力活和一些更实际的事情，也可以更多地融入群体。

- 我建议我们每周开一次头脑风暴会议，这样我们就有机会分享自己的想法，为慈善事业制订计划了。这样做以后，我希望我能减少在白天谈论我的想法的次数——我知道自己可以在其他时间进行分享。

你的优先级

现在你需要考虑如何分配自己的时间，这意味着你需要再一次地回顾并考虑到你生活中的所有重要方面：事业、健康、友谊、社交生活、家庭、金钱，等等，还需要考虑清楚每一个方面对你来说的重要程度。例如，你可能会把家庭看得比健康重要，把健康看得比金钱和事业重要。鉴于此，你就可以开始正视自己的任务，并试着为每一项任务分配合理的时间，这样你就既能遵守自己的优先顺序，又能将优质的时间分配到家庭生活中。如果不这样做，你可能会缺乏动力，过度劳累，产生不满情绪。如果家庭对你来说比事业更重要，但是你待在办公室的时间过长，你就会对此感到沮丧，因为你没有花时间和你爱的人在一起；当你试图挤出时间和他们在一起时，你可能又会感到力不从心。

这一切似乎都显而易见，但是，把时间分配给非优先事项也并不罕见，也许是因为我们不够自信，无法对不断打扰我们的邻居或纠缠不休的孩子说“不”；也许是因为我们被“义务和责任”以及恐惧，而不是我们的个人需要所驱使。原因可能有很多，但结果通常是一样的：我们会感到失望或沮丧，而这意味着压力。回顾一下第 14 章可能会有帮助，它可以帮你将自己承担的任务限制在合理的或你真正选择的范围内。

再说一次，要对自己诚实。不要想你“应该”和“有责任”做什么，而是要认识到你的感受。如果你没有真正优先考虑过保持整洁，在你认为兴趣和职业发展更为重要的前提下，你根本不会有动力去做任何整理和清洁，所以你不妨想办法解决这个问题——如果你负担得起就雇用一位清洁工，否则就争取让你的伴侣或孩子帮忙。

记住上面的话，然后找出所有对你来说很重要的领域，并按个人优先级进行排序。接下来，考虑你能花多少时间去做那些对你来说最重要的事情。你可能无法将大部分时间花在你的最高优先级上，因为生活不会总是允许我们这样做——如果你必须全职工作，那么你可能无法将大部分时间花在你的爱好、人际关系等优先考虑的事情上。但你至少可以看看，除了在必要的工作或家务上花费的时间之外，你是否给了自己时间去追求对你来说重要的事。

看看自己的清单：你是否分配了合理的时间去完成优先事项？如果不是，你也许需要重新考虑、组织和计划，这样才能为优先事项提供优先的时间。毫无疑问，在“我必须做的事”和“我想做的事”之间取得平衡的确是一个挑战，但如果你什么也不做的话，你就是在给自己制造压力。

	我的优先事项	我会花多少时间来做这件事
1		
2		
3		
4		
5		
6		
7		

你的（合理）目标

现在你对自己的优势、需求和优先事项都有了一个“快照”，你可以利用这些信息进行规划。是时候把注意力集中在你的近期和长期目标上了，鉴于你已知的个人生活特性、优先事项和责任，要确保这些目标的现实性。在修改你的计划时，你必须考虑到你的责任，因为你必须实事求是地制订计划。你可能不喜欢这些任务的某些方面，但你不能忽视它们——孩子和宠物都得喂养，文书工作也得完成，亲戚需要拜访，身体需要得到锻炼，等等。你不能鲁莽，只做自己想做的事，因为这只会给你带来更大的压力。再重复一遍，平衡和现实高于一切。

目标设定要求你对自己想要实现的目标具备一定的远见——下个月、下一年、5 年内你想做什么？当你对自己想要的东西有了一定的想法以后，就要实事求是地制订计划，同时要保持开放的心态，随着需求的变化调整自己的计划。例如，如果你的首要任务是找到固定工作，而且你知道这对你在未来两年内安顿下来非常重要，那就不要为了取悦你的朋友而偏离原本的方向去参加社交活动。之后，你的目标可能是扩大你的社交圈，花更多的时间和朋友相处。或者，你可能想找份兼职工作，但如果你眼前的首要任务是关注年迈父母的需求，那就推迟找工作，直到照顾父母不再是你的首要任务。(但还是要与那些日后可以帮助你重返工作岗位的人保持联系。) 更近期的目标可能是定期参加社交聚会，准时上班，以及去健身房锻炼。总之，做好定期重新思考和评估你的目标，随时进行修改和更新的准备。

在确定你的目标时，记住你需要：

- 精准：对于想要达到的目标，模糊或模棱两可的想法都不会起到什么激励作用。此外，如果目标没有明确的定义，你很难知道自己什么时候会实现它，甚至你可能都没有意识到它已经实现了！
- 具体：人物、事件、时间、程度，都要说清楚。例如，“做一个守时的人”这个目标太模糊了。一个更有用的定义是：不忙的时候，不迟于早上 8 点 30 分把孩子们送到学校，忙的时候则不迟于早上 8 点 50 分；在中午 12 点 30 分到 1 点之间午休，时间不少于 30 分钟；不忙的时候，下午 5 点前下班，即使忙的时候也绝不迟于下午 5 点 15 分下班；下午 5 点 30 分之前去接孩子，这样我们就可以在晚上 6

点前到家。

这个目标是绝对明确的，所以你很难篡改自己设下的规则；当它实现时，我们也很容易就知道了。这个目标也展示了个人对灵活性的需求——它是一个很现实的目标。

有时目标可以一步到位，例如，一个电话可以让你把一系列任务委派出去；一次面试可以帮你找到家务帮手，从而在很大程度上改变你的压力水平。这种情况对你来说是真正的事半功倍。然而，有些目标需要更多的规划，实现它们可能需要好几个步骤。例如，对于身体不好的人来说，一周游泳三次、每次 1 小时的目标最好分阶段来实现，也许可以从一周两次，每次 15 分钟的训练开始，逐渐积累。如果你错误地判断了步骤的数量，你就很有可能会失望。如果一个目标看起来很难完成，你很可能会一直拖延，除非你把目标细化成几个可管理的步骤（第 12 章会提醒你如何将重大挑战细化成一系列可管理的步骤）。

现在是思考你的目标的好时机。把它们列出来看一看，然后决定它们符合如下哪种分类：

- 长期（例如做兼职工作，学习大学课程）
- 中期（例如上夜校，加入健身房，一周游泳三次）
- 短期（例如每周跑步两次，每次 1 小时）
- 简单易行（例如打电话委派一项任务）
- 要求更高（需要分级方法，例如变得足够健康，逐渐做到每周跑步三次，每次 1 小时）

现实一点，以合理的节奏朝着要求更高的目标和长期目标努力。记住，尽最大的努力，但不要过度紧张。明确你的目标，并做好定期回顾和修改的准备。为你的目标设定适当的回顾日期，尤其是中期和短期目标，因为它们可能会被你遗忘。

安排你的时间

你已经做完了所有的基础工作！你已经明确了你的偏好、你的优势、你的需求、你的责任和你的目标。现在是时候重新规划你的日志了，这样可以大大地提升效率。

首先，给自己准备一个记事工具，比如办公日志、挂在墙上的计划表、智能手机——任何你负担得起，并且最符合你的要求和个人风格的东西。然后，你首先要记下的就是“回顾计划的时间”，这样可以确保你在开始或结束新的一天时，有时间对任务事项进行回顾和修改；这也会让你有时间进行适当的计划，给你机会回顾最近的错误并从中吸取教训。

一旦有了这样一个系统，你会发现事项的安排几乎用不了多少时间。但你必须每天都空出时间来进行安排，而且必须为每个月的回顾安排时间。如果你不这样做，系统就会崩溃。不要太死板地制订你的前瞻性计划，因为你还时不时需要去应对危机或突然出现的机会。

每日时间管理

你每天都应该进行一定的时间分析，通过练习让它成为你日常生活的一部分。每天你都需要生成一个“待办事项”列表，并根据标准确定优先级顺序（A ～ D）。

A：今日必做

B：今日应做

C：可以推迟

D：进行委派

这涉及安排日程以及制作更多的列表，但这都是值得的，因为从长远来看它可以节省很多时间。委派对于时间管理十分重要，因为它真的有回报，我们稍后还会讨论这一点。

确保你在每一天结束时（或者至少在第二天开始时）回顾一下自己管理时间的效率，因为你会从中学到很多东西。如果你没有实现当天的目标，你可以问问自己为什么以及经验教训是什么。你是否因为低估了自己的工作量而没有达到目标？如果是这样，你会如何重新计划？你是否因为无法拒绝别人的打扰而未能完成当天的目标？如果是这样，你可以参加一个果敢训练课程。你是否因为工作环境的混乱而浪费了时间，从而导致你无法获取所需的东西？如果是这样，试着重新整理一下你的办公室。

你可以通过学习计划和解决问题（见第13章）以及学习委派任务来进一步提高你的效率。

委派

我们谁也做不到独自包揽一切，所以我们不应该对此抱有期望。许多任务可以进行委派，这是明智地使用时间的基本原则。这可能意味着你需要放弃一些令人愉快的工作，但如果想在时间的压力下保持高效的工作状态，你就必须限制自己，去从事适当的工作。每件事都自己做并不会加快进度，尽管培训其他人可能需要占用当下的时间，但将来会有回报。简言之，委派要求你做到如下几点：

- 确定要委派的任务。
- 确定任务应该给谁。这项任务必须委派给合适的人：如果你五岁的儿子还不会扣扣子和系鞋带，就别指望他能自己洗衣服、穿校服；如果你的秘书不会法语，那么委托她帮你手打一份法语商业信函也是不明智的。
- 向相关人员简要介绍一下任务，给他们培训，进行密切指导，之后逐步退出，只监控进度。

培训、逐步退出和监控是一项重要的时间投资，因为如果指导不当，节奏不对，委派就会失败；如果不监控进度，绩效标准就可能会恶化。所以你需要和你的委派对象一起安排回顾时间，不管他是同事、配偶、孩子还是学生。

委派不同于简单地告诉其他人该做什么，如果接受委派的人没有被赋予执行任务的权力，你也几乎不做干预，那么这个任务就不会顺利。如果你把一项工作交给你的小儿子，你就得接受他的错误；如果你给同事一项任务，你就必须做到袖手旁观，并承担对方会犯错的风险。良好的培训和监控可以最大限度地减少错误；但在委派的过程中，你在移交责任的同时也要移交权力，即使你仍然需要承担全部（法律）追究责任。

还有一点很重要，要记住，委派并不是一个将所有无聊或没有回报的任务转交给他人的借口！其他人如果接受合作，想要自我发展，就会需要满足和挑战。不要只是把收拾碗碟的工作交给你的孩子，也要委派一些他们可能会喜欢做的事情，比如在超市里选择自己的早餐麦片和在学校里吃的饼干。不要只是管理你的员工，要确保你也向他们委派了更有趣和更具挑战性的工作。而且，要保持给予口头或实质的奖励。

如果你发现有人抗拒你的委派任务，回顾一下第 14 章，你会找到提出需求的有效方法。

时间管理实例：管理职业倦怠

几个月以来我的压力逐渐增大。我所在部门的工作越来越多，一开始我真的很兴奋，其实我当时意识到自己正在以个人生活为代价进行工作，但我认为这只是暂时的，我真的很享受被需要的感觉。我所在部门的声誉对我来说非常重要，为此，我参与了每一个项目，甚至还修正了同事的工作，因为他没有达到我的标准。我的伴侣警告我说，我工作太努力了，但我没有放在心上。后来，我开始胸口疼痛，疼痛的程度严重到我以为自己心脏病发作了。我的医生说，这与压力有关，如果我不改变工作时间，我的生活质量就会受到威胁。

我别无选择，只能回顾自己的工作方式。第一步是接受自己必须每天少于 10 ～ 12 个小时的工作时长。我担心如果没有工作的话，我的生活会变得枯燥乏味，所以我和我的伴侣计划回家后一起做些事情（这让我得以重拾被我一直忽略的爱好）。工作时间的减少意味着我需要更有效地利用时间，因此我向人力资源部门提出了参加公司的时间管理课程的请求。那几个小时确实很值得。在一周内，我重新安排了我的工作日程，这样我就不会再浪费时间去做其他人可以处理得更好的工作，不再以一种毫无成效的方式从一个项目跳到另一个项目，而是把精力集中在对我来说最重要的项目上。我的生活质量和亲密关系的重要性是第一位的，因此，我必须解决对向别人委派任务的抵触心理。结果表明，委派是我做过的最有用的事情。

令我惊讶的是，当我变得更有条理的时候，我竟然能在更短的时间内完成更多工作了。我还发现，生活不仅仅是工作——对此我非常感激。

时间管理遇到的困难

“我没有时间”

这一定是使用时间管理策略期间最常见的绊脚石。诚然，让自己变得有条理确实需要时间，但这是对未来的一种投资。你可以先试着对一段时间进行时间管理，比如说 3 个月，看看它是否能让你的投入得到回报。

“不行，这对我没用”

这很可能是因为规划不周，没有在分析和重新组织任务上花费足够的时间。不要妥协和敷衍地安排你的时间。另外，你需要留出时间给你身边的人，让他们有时间接受你的新体系。在你委派任务时，或者对委派对象不再上心的时候，对方可能会做出行为调整，有些人甚至会反抗。可能会有一段适应期，你要接受这个事实。

“我没法委派任务”

最常见的反对委派的理由是“我自己做比较容易（或更快）”“如果想把工作做好，就得自己做”“我没有时间教她怎么做”“他做不到”“她做不好”“说到底，要负责任的人是我”。现在想想你可以用什么方法来反驳这种说法；当你发现自己在使用这些说法时，思考一下你到底有多公正。此外，请重新阅读第 14 章，因为它可以帮助你以最容易被接受的方式提出要求。

附录B

自行录制放松训练的脚本

尽管许多人都知道，放松训练在压力管理中是非常宝贵的，但有些人发现自己很难记住训练的所有要素，也很难正确地调整节奏。如果你也是这样，你可以购买预先录制的引导词，或者通过录制下面的脚本来制作自己的引导词。录音的目的是给自己提供安抚性的指令，所以，选择一个你不匆忙、感觉相当放松、声音不紧张的时间。如果你喜欢听朋友说话的声音，可以请他为你录制。

练习 1：渐进式肌肉放松或深度放松

这个练习可以帮助你区分肌肉的紧张和松弛，并教你通过锻炼不同的肌肉群随心所欲地放松，先紧张后放松。从足部开始，缓慢而平稳地上延至全身，以肌肉群自己的节奏加深放松的程度。录音会引导你紧绷肌肉，但不要过度。你的目标是收紧它们，而不是感到疼痛或抽筋。

首先，尽量让自己舒适……平躺在地板上，脑袋下面放一个枕头，或者躺在椅子上……如果你戴眼镜的话，摘掉它们……脱掉你的鞋子，松开任何有紧绷感的衣服……双臂放松，放在身体两侧，双腿分开。闭上双眼，不要担心眼球的颤动，这是很正常的。

引导词

你开始放松了……慢慢地呼气……现在，平稳地、深深地吸气……现在，再次慢慢呼气，想象自己变得越来越重，快要陷进地板（或椅子）了……保持有节奏的呼吸，感觉自己如释重负……呼气的时候试着对自己说“放松”……像这样再呼吸一会儿……

（读一遍）

现在，开始绷紧和放松全身的肌肉……把注意力放在你的脚上……收紧你双脚和脚踝的肌肉，脚趾回勾……轻轻地伸展你的肌肉……感受双脚和脚踝的紧张……坚持一下……现在放松……让你的脚瘫软下来……感受变化……感觉到紧张正在从你的双脚消散……让你的脚掌接触地板，它们变得越来越重……想象它们变得如此的沉重，以至于快要陷进地板了……你越来越放松了……变得越来越重，越来越放松……

（重复）

现在，关注你的小腿……开始收紧你的小腿肌肉……如果你是坐着的，就抬高你的腿，保持这个姿势，感受张力……轻轻地伸展你的肌肉……继续感受那种张力……坚持一下……现在放松……让你的脚掌接触地板，让你的腿变得松软而沉重……感受变化……感觉紧张正在离开你的双腿，从你的小腿消散……让你的小腿感到沉重……紧张从你的双脚消散……让双脚感到沉重和无力……想象你的腿和脚是如此的沉重，以至于快要陷进地板了……它们是软弱无力的，非常放松……变得越来越沉重，越来越放松……

（重复）

感受你的大腿肌肉……并拢双腿，尽可能用力地抬高你的大腿根部，让肌肉紧绷……感受一下张力……坚持一下……现在，让你的腿分开……感受变化……感觉紧张正从你的腿上消散……它们又软又沉……你的大腿感觉很重……你的小腿感觉很重……你的脚感觉很重……想象紧张正在消散……离开了你的双腿……感到无力和放松……它们是如此的沉重，以至于快要陷进地板或你的椅子里了……让放松的感觉从你的双脚蔓延开来……向上穿过你的腿……放松你的臀部和腰部……

（重复）

现在收紧臀部和腰部肌肉，夹紧臀部……轻轻地微微拱起你的背……感受这种张力……保持紧张……现在放松……让你的肌肉放松……感觉你的脊椎再次得到支撑……感觉肌肉在放松……越来越深了……越来越放松了……越来越重了……你的臀部放松了……你的腿放松了……你的脚很重……紧张正在从你的身体里消失……

（重复）

绷紧你的腹部和胸部肌肉，想象你的腹部会受到重击，你要为这种冲击做好准备……深吸一口气，同时收腹，感受肌肉收紧……感觉你的胸肌收紧，变得僵硬……保持紧张……现在慢慢地呼气，释放紧张……感觉你的腹部肌肉在放松……感受紧张正在离开你的胸部……当你均匀而平静地呼吸时，你的胸部和腹部应该轻微地起伏……让你的呼吸变得有节奏，变得放松……

（重复）

现在将注意力放在你的手和胳膊上……慢慢蜷缩手指，握紧拳头……感受这种张力……现在把你的手臂平伸出去，伸直，但仍然握紧你的拳头……感觉双手、前臂和上臂的紧张……坚持一下……现在放松……轻轻放下你的手臂，垂在身体两侧，想象紧张从你的手臂消散……从上臂离开……从前臂离开……从双手离开……你的手臂感到沉重而松软……手臂感到软弱无力，很放松……

（重复）

关注你肩膀上的肌肉……将肩膀耸向你的耳朵，将肩膀拉向你的脊柱，收紧肌肉……感受肩膀和颈部的紧张……微微向后仰，使颈部肌肉进一步收紧……保持紧张……现在放松……向前低头……让你的肩膀垂下来……让它们继续下垂……感觉紧张从你的脖子和肩膀上消散……感觉你的肌肉越来越放松……感觉自己的脖子软弱无力，肩膀很沉重……

（重复）

现在是你的面部肌肉……把注意力集中在你前额的肌肉上……尽量皱紧眉头使它们收紧……保持这种紧张，然后把注意力集中在你下巴的肌肉上……用力咬紧使其绷紧……感觉你下巴的肌肉收紧……感受面部的紧张……充满你的额头……在你的眼睛后面……在你的下巴上……现在放松……放松你的前额和下巴……感觉紧张在消失……感觉紧张正从你的脸上消散……你的前额光滑而放松……你的下巴又重又松……想象紧张离开你的脸……到你的脖子……从你的肩膀消散……头部、颈部和肩部都感到沉重而放松。

（重复）

现在关注你的整个身体……你的整个身体都感到沉重和放松……没有一丝紧张……想象紧张正从你的身体里流出……聆听你安静平稳的呼吸……你的胳膊、腿和头都感到一种愉快的沉重……太重了，完全无法移动……你可能会觉得自己好像在漂浮……就这样漂浮着……这是放松的一部分……当画面飘进你的脑海时，不要与之对抗……只要接纳它们，然后让它们消失……你只是一个旁观者：感兴趣但不参与……再享受一会儿放松的感觉……如果你愿意，在脑海里想象一些能给你快乐和平静的事物……过一会儿，我会从四倒数到一……当我数到一的时候，就睁开你的眼睛，静静地躺一会儿，再开始活动……你会感到一种愉快的放松、神清气爽……四，开始感觉自己的意识正在回归……三，准备重新开始走动……二，感受你周围的环境……一，眼睛睁开，感觉既放松又清醒。

练习 2：缩短版渐进式肌肉放松

当你可以成功地使用第一个练习时，你就可以放弃收紧肌肉的阶段，缩短练习时间。

引导词

你在放松……慢慢地呼气……现在，平稳地、深深地吸气……现在，再次慢慢呼气，想象自己变得越来越重，快要陷进地板（或椅子）了……保持有节奏的呼吸，感觉自己如释重负……呼气的时候试着对自己说“放松”……像这样再呼吸一会儿……

（读一遍）

现在，开始放松你的身体肌肉……把注意力放在你的脚上……让你的脚瘫软下来……感觉到紧张正在从你的双脚渐渐消散……让你的脚掌接触地板，它们变得越来越重……想象它们变得如此的沉重，以至于快要陷进地板了……你越来越放松了……变得越来越重，越来越放松……

（重复）

现在，关注你的小腿……让你的脚掌接触地板，让你的腿变得松软而沉重……感觉紧张正在离开你的双腿，从你的小腿消散……让你的小腿感到沉重……从你的双脚消散……让双脚感到沉重和无力……想象你的腿和脚是如此的沉重，以至于快要陷进地板了……它们是软弱无力的，非常放松……变得越来越沉重，越来越放松……

（重复）

感受你的大腿肌肉……感觉紧张正从你的腿上消散……它们又软又沉……你的大腿感觉很重……你的小腿感觉很重……你的脚感觉很重……想象紧张正在消散……离开了你的双腿……感到无力和放松……它们是如

此的沉重，以至于快要陷进地板或你的椅子里了……让放松的感觉从你的双脚蔓延开来……向上穿过你的腿……放松你的臀部和腰部……

（重复）

现在放松臀部和腰部肌肉……如果你感到紧张，就放松下来……让你的肌肉放松……感觉你的脊椎再次得到支撑……感觉肌肉在放松……越来越深……越来越放松了……越来越重了……你的臀部放松了……你的腿放松了……你的脚很重……紧张正在从你的身体里消失……

（重复）

放松你的腹部和胸部肌肉……随着呼气慢慢放松下来……感觉你的腹部肌肉在放松……感受紧张正在离开你的胸部……当你均匀而平静地呼吸时，你的胸部和腹部应该轻微地起伏……让你的呼吸变得有节奏，变得放松……

（重复）

现在将注意力放在你的手和胳膊上……轻轻放下你的手臂，垂在身体两侧，想象紧张从你的手臂离开……从上臂离开……从前臂离开……从双手离开……你的手臂感到沉重而松软……手臂感到软弱无力，很放松……

（重复）

关注你肩膀上的肌肉……现在放松……向前低头……让你的肩膀垂下来……让它们继续下垂……感觉紧张从你的脖子和肩膀上消散开来……感觉你的肌肉越来越放松……感觉自己的脖子软弱无力，肩膀很沉重……

（重复）

现在是你的面部肌肉……把注意力集中在你前额的肌肉上……放松你的前额和下巴……感觉紧张在消失……感觉紧张正从你的脸上消散……你的前额光滑而放松……你的下巴又重又松……想象紧张离开你的脸……

到你的脖子……从你的肩膀消散……头部、颈部和肩部都感到沉重而放松……

（重复）

现在关注你的整个身体……你的整个身体都感到沉重和放松……没有一丝紧张……想象紧张正从你的身体里流出……聆听你安静平稳的呼吸……你的胳膊、腿和头都感到一种愉快的沉重……太重了，完全无法移动……你可能会觉得自己好像在漂浮……就这样漂浮着……这是放松的一部分……当画面飘进你的脑海时，不要与之对抗……只要接纳它们，然后让它们消失……你只是一个旁观者：感兴趣但不参与……再享受一会儿放松的感觉……如果你愿意，在脑海里想象一些能给你快乐和平静的事物……过一会儿，我会从四倒数到一……当我数到一的时候，就睁开你的眼睛，静静地躺一会儿，再开始活动……你会感到一种愉快的放松、神清气爽……四，开始感觉自己的意识正在回归……三，准备重新开始走动……二，感受你周围的环境……一，眼睛睁开，感觉既放松又清醒。

练习 3：简易放松训练

你可以选择更短的练习，这个练习几乎可以在任何需要的时候做。对于较短的训练，你必须想象一个在放松训练中使用的心理意象或装置。这可以是一个令人愉快的、平静的场景，例如一片荒芜的海滩，一个让人特别放松的图片或物体，或者一个你觉得抚慰人心的声音或词语，比如大海的声音或“平静”这个单词。重要的是让自己平静下来。

时不时地，分散你注意力的想法就会进入你的脑海，这是很常见的。不要沉耽其中，只需重新回想可以让你平静下来的意象或声音。一旦你开始训练，就坚持几分钟或更长的时间（由你自行决定需要多少时间来获得放松感）。做完后，闭上眼睛静静地坐一会儿。当你睁开眼睛时，要放松，不要太快开始四处走动。

开始练习前，先坐到一个舒服的位置。首先，专注于你的呼吸。慢慢地深吸一口气……感觉胸腔下面的肌肉移动……现在把它释放出来，慢慢地……呼吸要顺畅。

引导词

闭上双眼，当你继续慢慢呼吸的时候，想象你的身体变得越来越重……审视你的全身，是否有紧张……从你的脚开始，通过你的身体，到达你的肩膀和头部……如果你发现有任何紧张，试着放松身体的那一部分……现在，当你的身体感到尽可能的沉重和舒适时，再次关注你的呼吸……用你的鼻子吸气，充满你的肺……现在，再次呼气，想象安静的意象或声音……当你这样做的时候，轻松自然地呼吸……再来一次，鼻子吸气，充满肺部，直达膈膜……呼气，想象你舒缓的画面或声音……当你准备好再次吸气时，重复这个循环……不断重复这个循环，直到你感到放松、平静和焕然一新……当你完成这个练习后，静坐片刻，享受放松的感觉。

静观自我关怀

静观自我关怀专业手册

作者：（美）克里斯托弗·杰默（Christopher Germer）克里斯汀·内夫（Kristin Neff）著

ISBN：978-7-111-69771-8

静观自我关怀（八周课）权威著作

静观自我关怀：勇敢爱自己的51项练习

作者：（美）克里斯汀·内夫（Kristin Neff）克里斯托弗·杰默（Christopher Germer）著

ISBN：978-7-111-66104-7

静观自我关怀系统入门练习，循序渐进，从此深深地爱上自己

埃利斯 · 理性情绪

《我的情绪为何总被他人左右》

作者：[美] 阿尔伯特 · 埃利斯 阿瑟 · 兰格 译者：张蕾芳

心理学大师埃利斯百年诞辰纪念版，超越弗洛伊德的著名心理学家，理性情绪行为疗法之父，认知行为疗法的鼻祖埃利斯经典作品。

本书提供了一套非常具体的技巧，教你在他人或某件事操纵你的情绪时，如何避免情绪爆发，成为自己情绪的主人，成功赢得生活的主导权。

《控制焦虑》

作者：[美] 阿尔伯特 · 埃利斯 译者：李卫娟

如果你承认，并非事情本身使你感到焦虑，而是你对事情的想法导致了焦虑，那么你就可以阻止焦虑感的发展，因为控制自己不切实际的想法，远比控制其他任何事情要简单得多。

如果你想与焦虑和平共处，把焦虑控制在健康而有益的水平，而非让焦虑控制自己，阻碍通往幸福之路，请翻开这本书吧。

《控制愤怒》

作者：[美] 阿尔伯特 · 埃利斯 雷蒙德 · 奇普 · 塔夫瑞特 译者：林旭文

本书从案例入手（平均一节有两个案例），让我们重新认识愤怒对我们的人生造成的伤害，消除这种不必要的负面情绪所带来的伤害，并且手把手教读者通过改变信念，改造我们的情绪。

《理性情绪》

作者：[美] 阿尔伯特 · 埃利斯 译者：李巍 张丽

传统的认知疗法强调三种哲学，那就是：感觉更好，变得更好，保持得更好。但是埃利斯强调自己的哲学基础是：无条件接受自己，无条件接受他人，无条件接受生活。他认为改变如果不建立在哲学的基础上，而仅仅是效果上，则无法撼动人痛苦的根本。而承认人的局限，并接受这些局限，伤害就不存在了。

《拆除你的情绪地雷》

作者：[美] 阿尔伯特 · 埃利斯 译者：赵菁

这本操作性极强的手册为你提供了简单、直接的方法和实用的智慧，让你的生活更快乐，负面情绪更少。

在这本著作中，埃利斯博士分享了大量真实案例，详细介绍了如何进行心理自助治疗。本书睿智、明快的写作风格让你的阅读既充满乐趣，也不乏启迪。

打开这本书，让负面情绪一扫而光！

更多>>>

《无条件接纳自己》 作者：[美] 阿尔伯特 · 埃利斯

《理性生活指南（原书第3版）》 作者：[美] 阿尔伯特 · 埃利斯 罗伯特 · A.哈珀